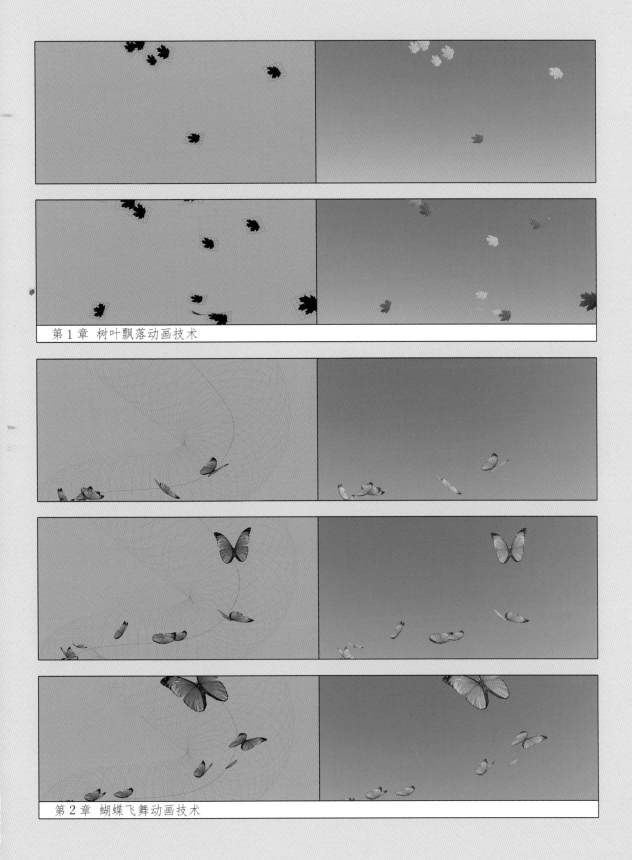

第 1 章 树叶飘落动画技术

第 2 章 蝴蝶飞舞动画技术

第 3 章 雨滴滑落动画技术

第 4 章 雕塑坍塌动画技术

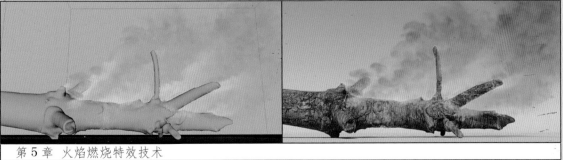

第 5 章　火焰燃烧特效技术

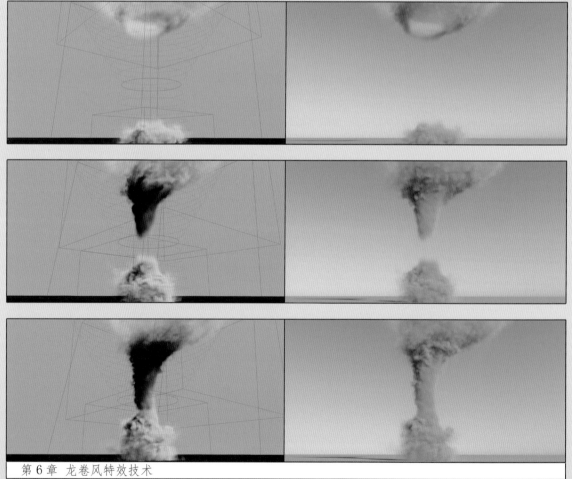

第 6 章 龙卷风特效技术

第 7 章 爆炸烟雾特效技术

第 8 章 无限海洋特效技术

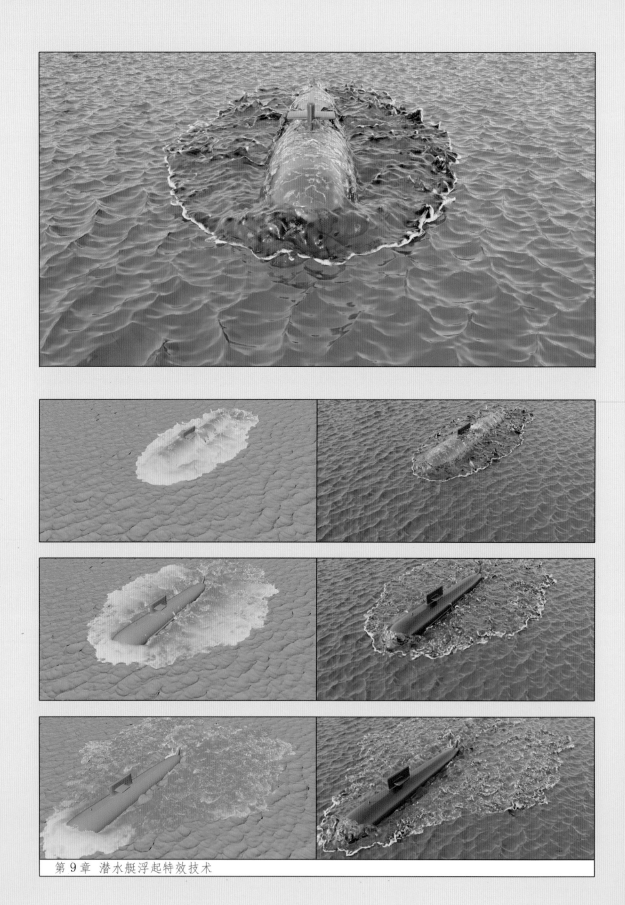

第 9 章　潜水艇浮起特效技术

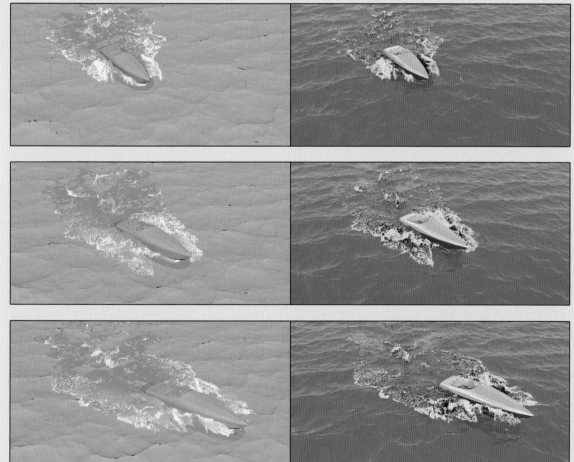

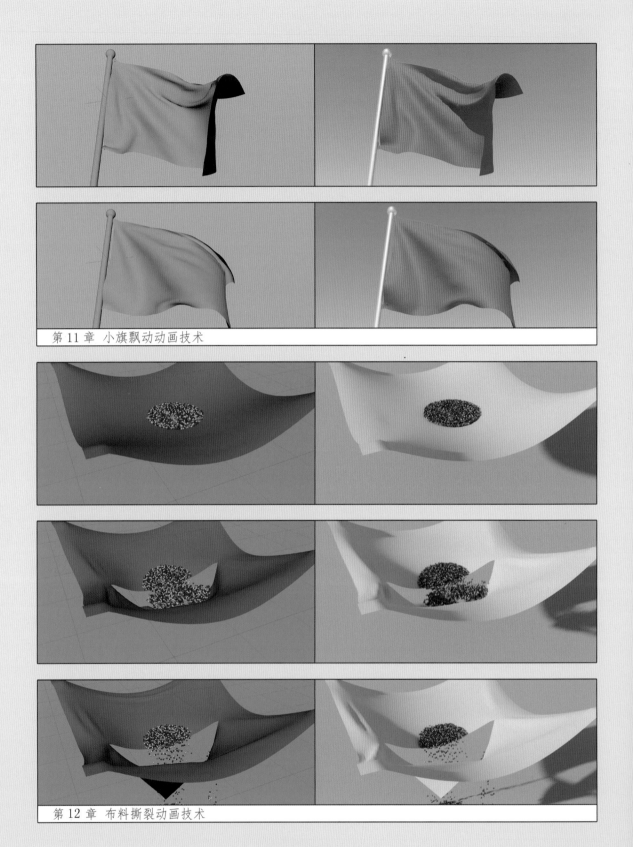

第 11 章 小旗飘动动画技术

第 12 章 布料撕裂动画技术

来阳 / 编著

Maya

第2版

特效技术实战完全攻略

清华大学出版社

北京

内 容 简 介

本书定位于三维动画制作中的特效动画领域，全面讲解如何使用中文版 Maya 2022 软件制作三维特效动画，涉及的效果包括树叶飘落、蝴蝶飞舞、雨滴滑落、火焰燃烧、龙卷风形成、爆炸烟雾翻滚、无限海洋效果、浪花飞溅及布料撕裂等。本书实例主要针对影视特效动画制作项目，均为非常典型的三维特效动画表现案例。书中内容丰富、章节独立，读者可直接阅读自己感兴趣或与工作相关的动画技术章节。

本书适合对 Maya 软件具有一定操作基础，并想使用 Maya 软件进行三维特效动画制作的读者阅读与学习，也适合高校动画相关专业的学生学习与参考。

图书在版编目(CIP)数据

Maya 特效技术实战完全攻略 / 来阳编著 . —2 版 . —北京：清华大学出版社，2022.6（2024.1重印）
ISBN 978-7-302-60832-5

Ⅰ.① M… Ⅱ.①来… Ⅲ.①三维动画软件 Ⅳ.① TP391.41

中国版本图书馆 CIP 数据核字 (2022) 第 078584 号

责任编辑：陈绿春
封面设计：潘国文
版式设计：方加青
责任校对：徐俊伟
责任印制：宋 林

出版发行：清华大学出版社
      网 址：https://www.tup.com.cn，https://www.wqxuetang.com
      地 址：北京清华大学学研大厦 A 座   邮 编：100084
      社 总 机：010-83470000   邮 购：010-62786544
      投稿与读者服务：010-62776969，c-service@tup.tsinghua.edu.cn
      质 量 反 馈：010-62772015，zhiliang@tup.tsinghua.edu.cn
印 装 者：三河市铭诚印务有限公司
经 销：全国新华书店
开 本：188mm×260mm   印 张：12   插 页：4   字 数：348 千字
版 次：2016 年 10 月第 1 版   2022 年 7 月第 2 版   印 次：2024 年 1 月第 3 次印刷
定 价：79.00 元

产品编号：094754-01

撰写三维特效动画方面的图书所花费的时间与精力通常比较多，一是因为市面上相似题材的图书较少，可借鉴的不多；二是动画技术相较于单帧的图像渲染技术更加复杂。制作三维特效动画时，动画师不仅要熟知所要制作动画的相关运动规律知识，还要掌握更多的动画技术来支撑整个特效动画项目的完成，并且，在最终的三维动画模拟计算中，特效动画师还不得不在参数的设置上和动画结果的计算时间上去寻找一个平衡点，尽量用最少的时间得到一个较为理想的特效动画模拟计算结果。相信许多学习过图像渲染技术的读者都知道渲染一张高品质的三维图像需要多少时间，同样，三维特效动画模拟也需要耗费大量的计算时间。在本书中，我力求尽自己的最大努力将我在工作中所接触到的项目融入书中，希望读者通过阅读本书，能够更加熟悉这一行业对一线项目制作人员的技术要求，并掌握解决这些技术问题的方法。

动画特效技术主要包括粒子、流体、Bifrost流体和布料动力学。本书共12章，每章都是一个独立的特效动画案例，所以读者可按照自己的喜好直接阅读自己感兴趣的章节来进行学习制作。本书注重实际操作，每章均配有详细的教学视频。每个案例在讲解之前，都会向读者展示案例渲染完成后的动画效果，方便读者了解学习完本章内容后所要达到的学习目标。然后再开始讲解案例制作流程，对于一些技术难点，书中还单独设置了技术专题板块来辅助读者学习制作。此外，Maya软件的参数值显示会自动精确到小数点后三位，我们在输入数值的时候按整数输入即可。

写作是一件快乐的事情。在本书的出版过程中，清华大学出版社的编辑为图书的出版做了很多工作，在此表示诚挚的感谢。

本书的工程文件和视频教学文件请扫描下面的二维码进行下载，如果在下载过程中碰到问题，请联系陈老师，邮箱：chenlch@tup.tsinghua.edu.cn。

由于作者水平有限，书中疏漏之处在所难免。如果有任何技术问题请扫描下面的二维码联系相关技术人员解决。

工程文件

技术支持

视频教学

来　阳
2022年5月

CONTENTS 目录

第1章 树叶飘落动画技术

第2章 蝴蝶飞舞动画技术

第3章 雨滴滑落动画技术

第4章 雕塑坍塌动画技术

第5章 火焰燃烧特效技术

第6章 龙卷风特效技术

第7章 爆炸烟雾特效技术

第8章 无限海洋特效技术

第9章　潜水艇浮起特效技术

第10章　游艇浪花动画技术

第11章　小旗飘动动画技术

第12章　布料撕裂动画技术

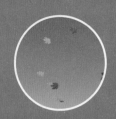

第1章

树叶飘落动画技术

1.1　效果展示

　　本章将以一个相对比较简单的粒子系统应用实例来帮助读者慢慢接触Maya软件的粒子系统，同时希望通过讲解本实例来带领读者逐步了解并学习粒子系统制作特效动画的思路及基本操作。这个实例制作的是一些不同颜色的树叶从天空中随风飘落的动画效果，最终渲染完成结果如图1-1所示。

图1-1

图1-1（续）

1.2　制作流程

1.2.1　使用粒子系统创建树叶飘落动画

01　启动中文版Maya 2022软件，打开本书配套资源场景文件"叶片.mb"，如图1-2所示。里面有3个添加完成叶片材质的树叶模型。

图1-2

02　单击FX工具架上的"发射器"图标，如图1-3所示，即可在场景中创建出一个粒子发射器、一个粒子对象和一个力学对象。

图1-3

03 通过"大纲视图"面板可以找到这3个对象,如图1-4所示。

图1-4

04 在"大纲视图"面板中选择粒子发射器,在"属性编辑器"面板中,将"发射器类型"设置为"体积",设置"速率(粒子/秒)"的值为6,如图1-5所示。

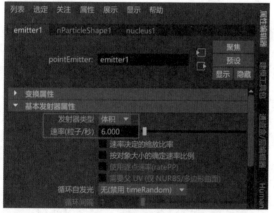

图1-5

05 在"变换属性"卷展栏中,对粒子发射器的"平移"和"缩放"属性进行调整,如图1-6所示。

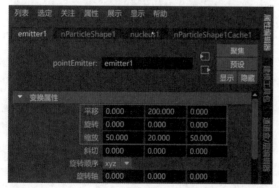

图1-6

06 播放场景动画,可以看到粒子的运动效果如图1-7所示。

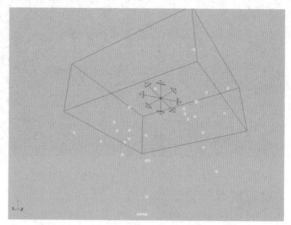

图1-7

07 先选择场景中的3个叶片模型,如图1-8所示。

图1-8

08 按下菜单栏nParticle|"实例化器"命令后面的方形按钮,如图1-9所示。

图1-9

09 在系统自动弹出的"粒子实例化器选项"面板中,单击左下方的"创建"按钮,如图1-10所示。同时,观察"大纲视图"面板,可以看到场景中多出来了一个实例化器对象,如图1-11所示。

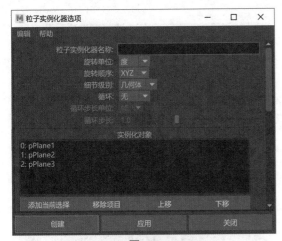

图1-10

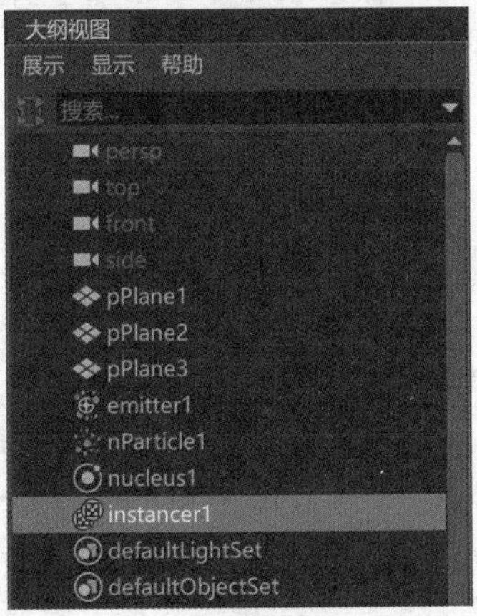

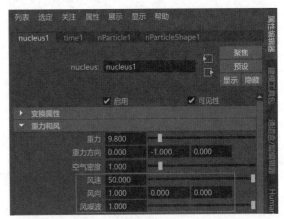

图1-13

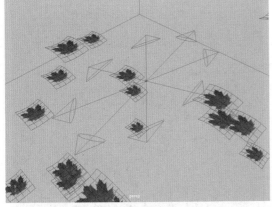

图1-11

⑩ 设置完成后，播放场景动画，可以在视图中看到所有的粒子形态都变成了树叶模型，如图1-12所示。此时场景中的每一片树叶都是一个颜色，颜色稍后在下一小节中会进行调整。

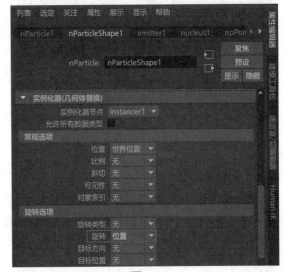

图1-12

⑪ 在"大纲视图"面板中选择力学对象，在"属性编辑器"面板中，调整"风速"的值为50，调整"风噪波"的值为1，如图1-13所示。为粒子添加风吹的效果。

⑫ 播放动画，现在场景中的树叶粒子方向都是一样的，看起来非常不自然，如图1-14所示。

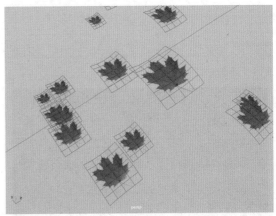

图1-14

⑬ 展开"实例化器（几何体替换）"卷展栏中的"旋转选项"卷展栏，设置"旋转"的选项为"位置"，如图1-15所示。

图1-15

⑭ 再次播放动画，场景中的树叶粒子方向现在看

起来自然多了，并且叶片在飘动的同时还会产生一点自转的效果，如图1-16所示。

图1-16

1.2.2　使用表达式设置叶片的形态

01 在"添加动态属性"卷展栏中，单击"常规"按钮，如图1-17所示。

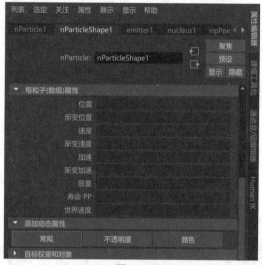

图1-17

02 在系统自动弹出的"添加属性"对话框中，设置"长名称"为xingzhuang，勾选"覆盖易读名称"选项，设置"易读名称"为"形状"，"数据类型"的选项为"浮点型"，"属性类型"的选项为"每粒子（数组）"，如图1-18所示。

03 设置完成后，单击左下方的"确定"按钮，关闭该对话框。这时，可以看到"每粒子（数组）属性"卷展栏中会多出来一个"形状"属性，这就是刚刚添加的属性，如图1-19所示。

04 将光标移动至"形状"属性上，右击并执行"创建表达式"命令，如图1-20所示。

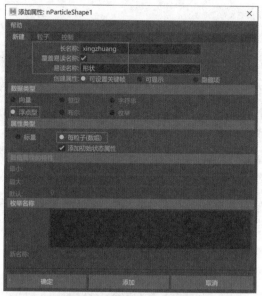

图1-18

图1-19

图1-20

05 在系统自动弹出的"表达式编辑器"面板中，输入：

```
nParticleShape1.xingzhuang=rand(0,3);
```

单击该面板中的"创建"按钮，如图1-21所示。

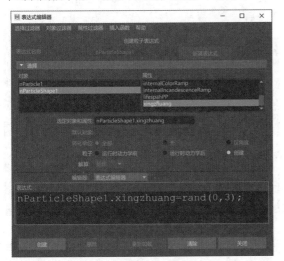

图1-21

06 在"实例化器（几何体替换）"卷展栏中的"常规选项"卷展栏中，设置"对象索引"的选项为xingzhuang，如图1-22所示。

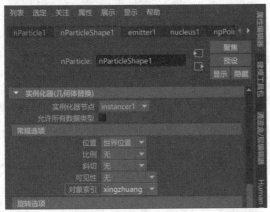

图1-22

07 设置完成后，可以看到现在场景中的叶片颜色会随机发生变化，如图1-23所示。

图1-23

08 单击"FX缓存"工具架上的"将选定的nCloth模拟保存到nCache文件"图标，如图1-24所示。为粒子动画创建缓存文件。

图1-24

09 创建完成缓存文件后，再次播放场景动画，会发现粒子动画的播放变得非常流畅，如图1-25所示。

图1-25

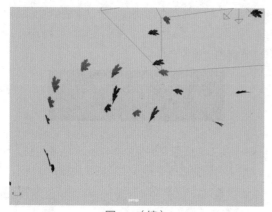

图1-25（续）

◎技巧与提示·◦

　　粒子的缓存文件创建完成后，仍然可以通过在场景中调整树叶模型的旋转角度来控制对应粒子的方向。

1.2.3　渲染设置

01 单击Arnold工具架上的Create Physical Sky（创建物理天空）图标，为场景添加物理天空灯光，如图1-26所示。

图1-26

02 在"属性编辑器"面板中展开Physical Sky Attributes（物理天空属性）卷展栏，设置物理天空灯光的Elevation（海拔）的值为25，Azimuth（方位角）的值为120，Intensity（强度）的值为5，Sun Size（太阳尺寸）的值为0.5，如图1-27所示。

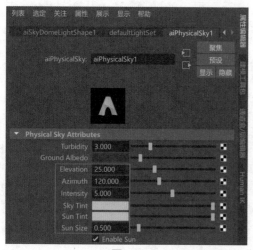

图1-27

03 选择一个合适的仰视角度，渲染场景，渲染结果如图1-28所示。

图1-28

04 打开"渲染设置"面板，展开Motion Blur卷展栏，勾选Enable选项，设置Length（长度）的值为0.02，如图1-29所示，开启运动模糊计算。

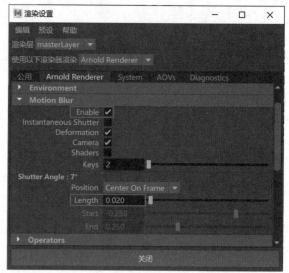

图1-29

05 再次渲染场景，本实例的最终渲染结果如图1-30所示。

图1-30

1.3 技术专题

1.3.1 "基本发射器属性"卷展栏参数解析

初学粒子系统时，读者应当对粒子的发射器有所了解。相关参数可以在"基本发射器属性"卷展栏中找到，这里的参数主要用来控制粒子发射器的基本属性，如发射器类型及产生粒子的数量，其参数设置如图1-31所示，下面就其中较为常用的参数给出解释。

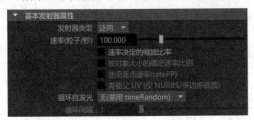

图1-31

参数解析

● 发射器类型：用来设置粒子发射器的类型，有方向、泛向、表面、曲线、体积5种选项可用。如图1-32~图1-36所示分别为这5种方式的粒子发射动画显示效果。

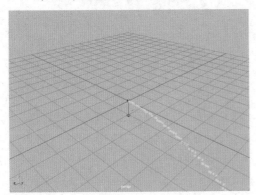

图1-32

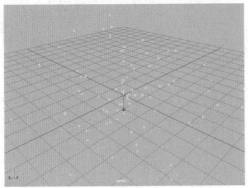

图1-33

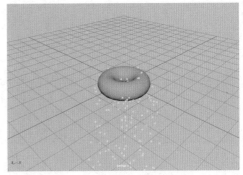

图1-34

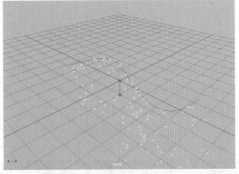

图1-35

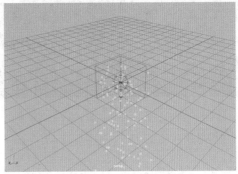

图1-36

● 速率（粒子/秒）：设置粒子每秒发射的速率，该值越大，粒子产生的数量越多。如图1-37所示分别为该值是100和500的粒子产生数量对比效果。

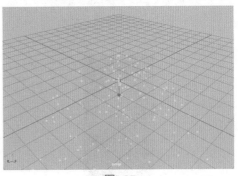

图1-37

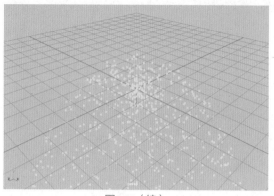

图1-37（续）

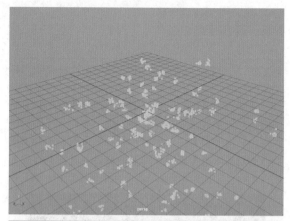

1.3.2 "着色"卷展栏参数解析

有关粒子的形态可以在"着色"卷展栏中进行设置，这里的参数主要控制粒子的渲染类型，当粒子使用不同的渲染类型选项时，其下方的参数也不一样，"着色"卷展栏中的参数设置如图1-38所示，下面就其中较为常用的参数给出解释。

图1-38

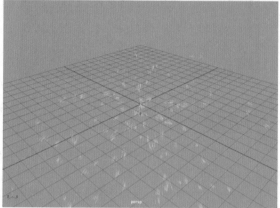

参数解析

● 粒子渲染类型：用于设置Maya使用何种类型来渲染粒子，在这里，Maya提供了多达10种的类型供用户选择使用，如图1-39所示。使用不同的粒子渲染类型，粒子在场景中的显示也不尽相同，如图1-40所示分别为粒子类型为多点、多条纹、数值、点、球体、精灵、条纹、滴状曲面（s/w）、云（s/w）和管状体（s/w）的显示效果。

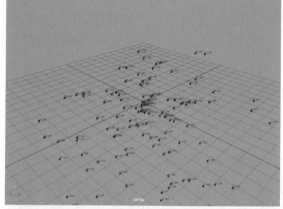

图1-39

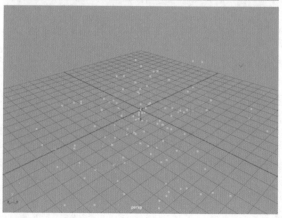

图1-40

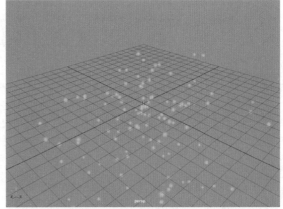

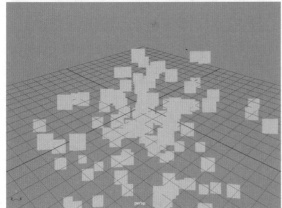

图1-40（续）

- 点大小：用于控制点状粒子的显示大小。
- 不透明度：用于控制粒子的透明程度。

1.4 本章小结

　　本章通过一个相对简单的案例来为读者讲解粒子系统的基本使用方法，希望读者学习并完成本实例，认真回顾案例的制作步骤，掌握粒子系统制作动画的流程及思路。

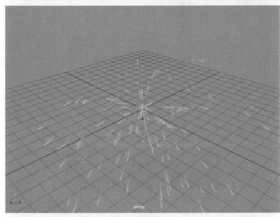

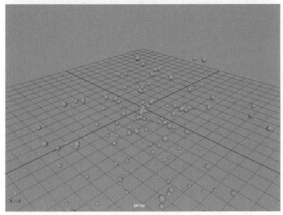

图1-40（续）

第 2 章
蝴蝶飞舞动画技术

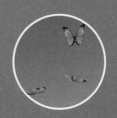

2.1　效果展示

　　本章主要讲解如何使用粒子系统来制作群组动画，以及使用简单的表达式来控制粒子的随机大小和方向。当使用粒子来模拟群组动画时，首先要考虑的一个问题就是模型的精细程度。通常为了保证动画的流畅效果，常常将群组中的单个物体面数降到尽可能得低，模型不足的地方使用材质来适当提高画面的细节。这个实例制作的是一些大小不一的蝴蝶在空中飞舞的动画效果，最终渲染完成效果如图2-1所示。

图2-1（续）

2.2　制作流程

2.2.1　制作蝴蝶模型及材质

01 启动中文版Maya 2022软件，单击"多边形建模"工具架上的"多边形平面"图标，如图2-2所示。在场景中创建一个平面模型，如图2-3所示。

图2-2

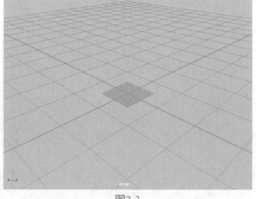

图2-3

02 在"属性编辑器"面板中，展开"多边形平面

图2-1

历史"卷展栏，设置"宽度"和"高度"的值均为2，"高度细分数"的值为2，如图2-4所示。

图2-4

03 选择平面模型，选择如图2-5所示的面，并对其进行删除，得到如图2-6所示的模型结果。

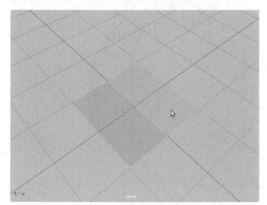

图2-5

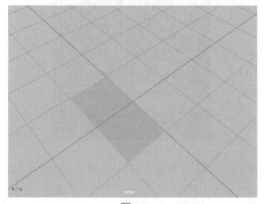

图2-6

04 选择平面模型，单击"渲染"工具架上的"标准曲面材质"图标，如图2-7所示。

图2-7

05 在"属性编辑器"面板中展开"基础"卷展栏，为"颜色"属性添加一张"蝴蝶翅膀.jpg"贴图文件，如图2-8所示。

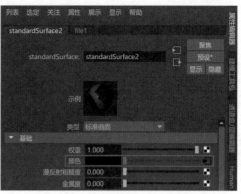

图2-8

06 单击"带纹理"按钮，将蝴蝶的贴图效果在视图中显示出来，如图2-9所示。

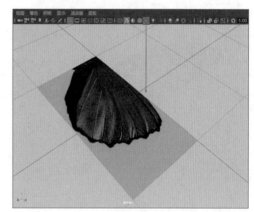

图2-9

07 选择蝴蝶模型，单击"多边形建模"工具架上的"平面映射"图标，如图2-10所示，为其添加平面贴图坐标，如图2-11所示。

图2-10

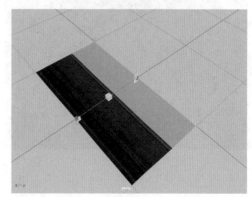

图2-11

08 展开"投影属性"卷展栏，设置"旋转"的值为（90，-90，0），"投影宽度"的值为1，"投影高度"的值为2，如图2-12所示。

图2-12

09 设置完成后，场景中蝴蝶模型的贴图效果如图2-13所示。

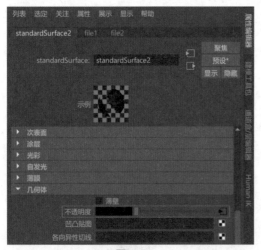

图2-13

10 展开"几何体"卷展栏，为"不透明度"属性添加一张"蝴蝶翅膀-透明.jpg"贴图文件，如图2-14所示。

图2-14

11 展开"自发光"卷展栏，为"颜色"属性添加一张"蝴蝶翅膀.jpg"贴图文件，并设置"权重"的值为1，如图2-15所示。

12 设置完成后，蝴蝶模型的视图显示效果如图2-16所示。

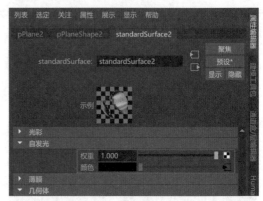

图2-15

图2-16

13 选择场景中的蝴蝶模型，使用组合键Ctrl+D对其进行复制，如图2-17所示。

图2-17

14 在"通道盒/层编辑器"面板中，设置复制出蝴蝶模型的另一个翅膀的"缩放Z"值为-1，如图2-18所示。

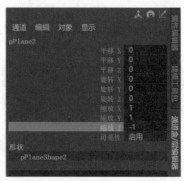

图2-18

15 制作完成后的蝴蝶模型效果如图2-19所示。

图2-19

2.2.2 为蝴蝶模型设置关键帧动画

01 将场景中的时间滑块移动到第1帧，使用旋转工具调整蝴蝶翅膀扇动的角度至如图2-20所示，并为其"旋转X"属性设置关键帧，如图2-21所示。

图2-20

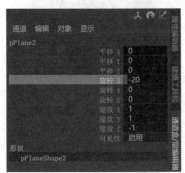

图2-21

02 在第12帧位置处，调整蝴蝶翅膀扇动的角度至如图2-22所示，再次为其"旋转X"属性设置关键帧，如图2-23所示。

03 执行"窗口"|"动画编辑器"|"曲线图编辑器"命令，打开"曲线图编辑器"面板，分别为两个蝴蝶翅膀模型的动画关键帧设置"往返"循环模式，如图2-24所示。

图2-22

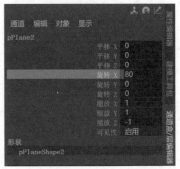

图2-23

图2-24

04 设置完成后，选择场景中的两个蝴蝶翅膀模型，使用组合键Ctrl+G，将其设置为一个组合，如图2-25所示。

图2-25

05 播放场景动画，在视图中观察蝴蝶模型的动画效果，如图2-26所示。

图2-26

2.2.3 创建粒子及体积曲线

01 单击"曲线/曲面"工具架上的"EP曲线工具"

图标，如图2-27所示，在场景中绘制一条曲线，如图2-28所示。

图2-27

图2-28

02 选择曲线，执行"场/解算器"|"体积曲线"命令，如图2-29所示，即可根据曲线的形态创建一个体积曲线场，如图2-30所示。

图2-29

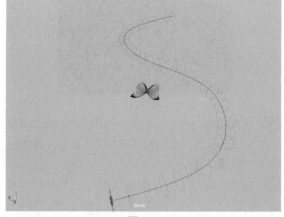

图2-30

03 在"属性编辑器"面板中，展开"体积控制属性"卷展栏，设置"截面半径"的值为3，如图2-31所示。

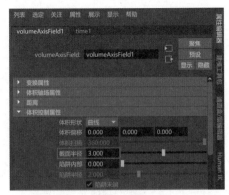

图2-31

04 设置完成后，体积场的显示效果如图2-32所示。

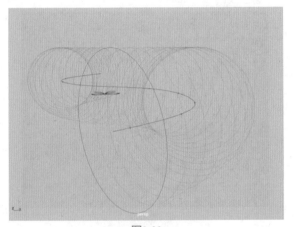

图2-32

05 单击FX工具架上的"发射器"图标，如图2-33所示，在场景中创建粒子系统。

图2-33

06 在"属性编辑器"面板中，展开"基本发射器属性"卷展栏，设置"发射器类型"的选项为"体积"，如图2-34所示。

图2-34

07 在视图中，将发射器的位置移动至曲线的起始点位置处，如图2-35所示。

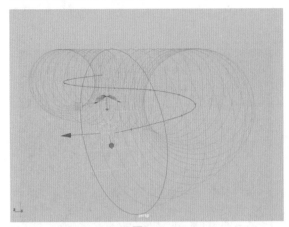

图2-35

08 在"大纲视图"面板中选择粒子和体积曲线场，如图2-36所示。

图2-36

09 执行"场/解算器"|"指定给选定对象"命令，如图2-37所示，使得体积曲线场开始对场景中的粒子产生影响。

图2-37

10 选择粒子对象，在"属性编辑器"面板中，展开"动力学特性"卷展栏，勾选"忽略解算器重力"选项，如图2-38所示。设置完成后，播放动画，粒子的动画效果如图2-39所示。

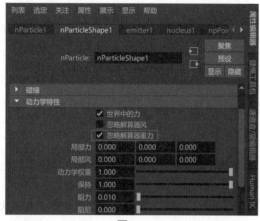

图2-38

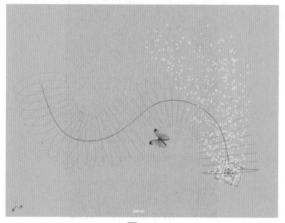

图2-39

11 为了使粒子显示得清楚一些，现在可以先将场景中的蝴蝶模型设置为粒子的形状。在"大纲视图"面板中选择蝴蝶模型组合，如图2-40所示。

图2-40

12 单击菜单栏nParticle|"实例化器"命令后面的方形按钮，如图2-41所示。

图2-41

13 在弹出的"粒子实例化器选项"面板中，单击"创建"按钮，如图2-42所示，即可将每个粒子的形态都设置为蝴蝶模型，如图2-43所示。

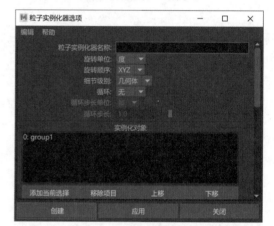

图2-42

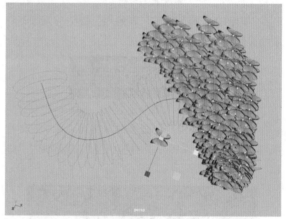

图2-43

14 在场景中选择体积曲线场，展开"体积速率属性"卷展栏，设置"远离轴"的值为-10，如图2-44所示。

15 设置完成后，再次播放场景动画，可以看到现在场景中生成的n粒子基本上都在体积曲线场的内部进行移动，如图2-45所示。

图2-44

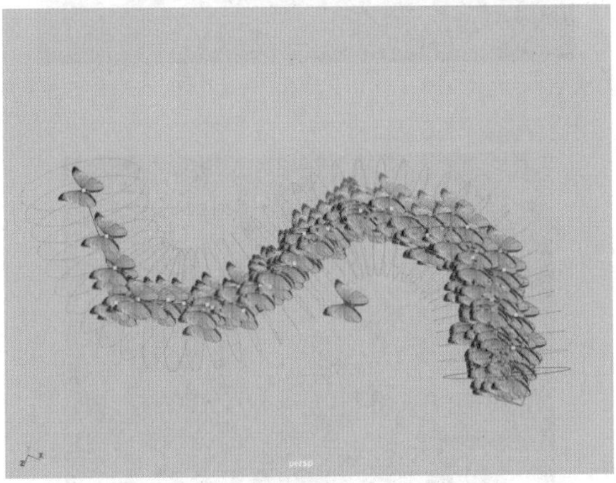

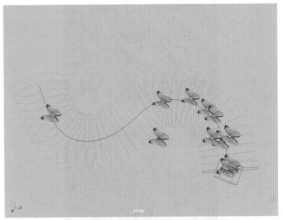

图2-47

图2-45

16　在"大纲视图"面板中选择粒子对象，展开"基本发射器属性"卷展栏，设置"速率（粒子/秒）"的值为3，降低发射器在场景中生成的粒子数量，如图2-46所示。

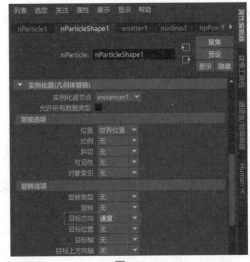

图2-48

19　设置完成后，观察场景，可以看到现在蝴蝶的方向随着曲线的弧度产生了相应的变化，但是蝴蝶的方向与其运动的方向相反，感觉蝴蝶是一边飞舞一边在后退，如图2-49所示。

图2-46

17　设置完成后，播放场景动画，现在看到场景中生成的粒子数量已经大幅减少了，如图2-47所示。仔细观察场景，可以看到现在每个蝴蝶的方向都是一样的，没有跟随路径的弧度而发生改变，看起来不太自然。

18　展开"实例化器（几何体替换）"卷展栏中的"旋转选项"卷展栏，设置"目标方向"的选项为"速度"，如图2-48所示。

图2-49

20　这时，只需要选择最初创建的蝴蝶模型，如图2-50所示。

图2-50

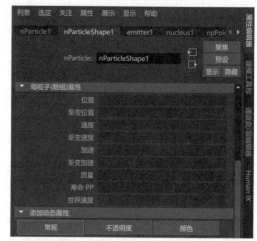

图2-52

21 对其进行"缩放"操作，这样就可以更改蝴蝶的方向，如图2-51所示。

图2-51

2.2.4 使用表达式控制蝴蝶的大小随机变化

01 现在场景中的每一只蝴蝶的大小都是一样的，为了让发射器生成的每一只蝴蝶都大小随机，则需要使用表达式技术来得到这一效果。

02 展开"每粒子（数组）属性"卷展栏和"添加动态属性"卷展栏，为了给n粒子添加新属性，需要先单击"添加动态属性"卷展栏中的"常规"按钮，如图2-52所示。

03 在系统自动弹出的"添加属性"对话框中，在"长名称"文本框内为新建属性创建名称suiji，并勾选"覆盖易读名称"选项，在"易读名称"文本框内输入"随机"，这样，新创建的属性则可以以中文"随机"进行显示；设置"数据类型"为"向量"选项，"属性类型"为"每粒子（数组）"选项，如图2-53所示。

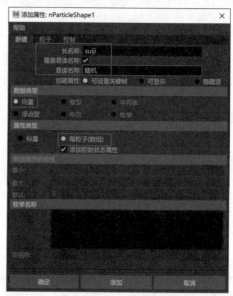

图2-53

04 设置完成后，单击"确定"按钮，即可在"每粒子（数组）属性"卷展栏中查看刚刚创建的新属性名称，如图2-54所示。

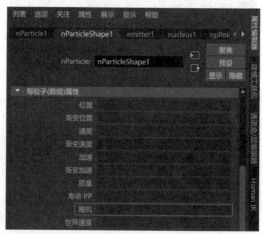

图2-54

05 在"随机"属性上右击，在弹出的快捷菜单中执行"创建表达式"命令，如图2-55所示。

图2-55

06 弹出"表达式编辑器"面板，在"表达式"文本框内输入：

nParticleShape1.suiji=rand(0.8,1.2);

然后，单击"创建"按钮，如图2-56所示。

图2-56

07 关闭"表达式编辑器"面板后，观察"每粒子（数组）属性"卷展栏，可以看到"随机"属性后面出现了"表达式"的字样，说明该属性中设置了表达式来控制该属性，如图2-57所示。

图2-57

08 展开"实例化器（几何体替换）"卷展栏中的"常规选项"卷展栏，将"比例"的选项设置为刚刚创建的新属性suiji，如图2-58所示。

图2-58

09 设置完成后，需要重新播放场景动画，才能在视图中更新设置了表达式之后的蝴蝶大小，如图2-59所示。场景中蝴蝶的大小现在出现了明显的随机变化，看上去自然了许多。

图2-59

2.2.5　使用表达式制作蝴蝶飞舞的细节效果

01 现在仔细观察场景动画，发现每一只蝴蝶扇动翅膀的动作是一样的，这是由于所有粒子的形态使用的是同一个实例，如图2-60所示。

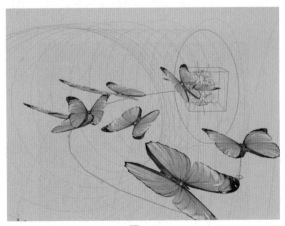

图2-60

02 在"大纲视图"面板中选择蝴蝶组合对象，如

图2-61所示。

图2-61

03 执行菜单栏"编辑"|"特殊复制"后面的方形按钮，如图2-62所示。

图2-62

04 在系统自动弹出的"特殊复制选项"面板中，设置"下方分组"的选项为"世界"，设置"副本数"的值为2，勾选"复制输入图表"选项，如图2-63所示。再单击该面板左下方的"特殊复制"按钮对所选中的对象进行特殊复制。

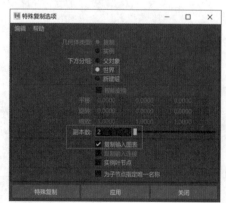

图2-63

05 在"大纲视图"面板中，分别选中新复制出来的2个组合，并在场景中调整其位置至如图2-64所示。

图2-64

06 在"大纲视图"面板中选择新复制出来的蝴蝶组合的两个翅膀模型，如图2-65所示。

图2-65

07 调整其关键帧的位置如图2-66所示。

图2-66

08 通过同样的操作步骤，更改新复制出来的另一个蝴蝶组合的关键帧位置，使得这2个蝴蝶组合扇动翅膀的形态与最初的蝴蝶模型有所差别，如图2-67所示。

09 选择粒子对象，在"添加动态属性"卷展栏中，单击"常规"按钮，如图2-68所示。

图2-67

图2-68

10 在系统自动弹出的"添加属性"对话框中，设置"长名称"为xingzhuang，勾选"覆盖易读名称"选项，设置"易读名称"为"蝴蝶形状"，"数据类型"的选项为"浮点型"，"属性类型"的选项为"每粒子（数组）"，如图2-69所示。

图2-69

图2-69

11 设置完成后，单击左下方的"确定"按钮，关闭该对话框。这时，可以看到"每粒子（数组）属性"卷展栏中会多出来一个"蝴蝶形状"属性，这就是刚刚添加的属性，如图2-70所示。

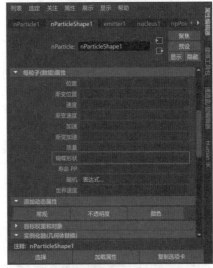

图2-70

12 将光标移动至"蝴蝶形状"属性上，右击并执行"创建表达式"命令，如图2-71所示。

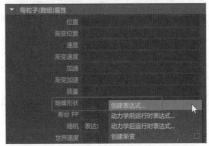

图2-71

13 在系统自动弹出的"表达式编辑器"面板中，输入：

nParticleShape1.xingzhuang=rand(0,3);

单击该面板中的"创建"按钮，如图2-72所示。

图2-72

14 在"大纲视图"面板中选择实例化器对象，如图2-73所示。

图2-73

15 将场景中的另外2个蝴蝶组合添加进来，如图2-74所示。

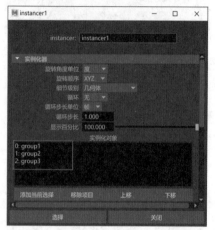

图2-74

16 在"实例化器（几何体替换）"卷展栏中的"常规选项"卷展栏中，设置"对象索引"的选项为xingzhuang，如图2-75所示。

图2-75

17 设置完成后，将场景中的3个蝴蝶组合对象隐藏起来。播放动画，可以看到现在场景中蝴蝶翅膀扇动的效果出现了一些细致的变化，如图2-76所示。

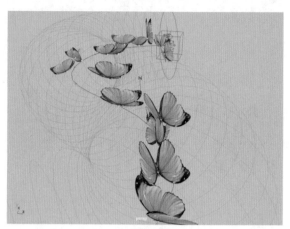

图2-76

18 单击"FX缓存"工具架上的"将选定的nCloth模拟保存到nCache文件"图标，如图2-77所示。为粒子动画创建缓存文件。

图2-77

19 创建完成缓存文件后，再次播放场景动画，会发现粒子动画的播放变得非常流畅，如图2-78所示。

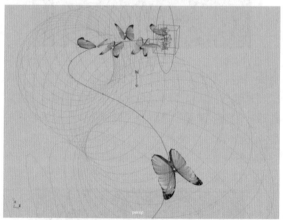

图2-78

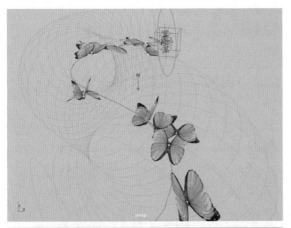

图2-78（续）

2.2.6　渲染输出

01 单击Arnold工具架上的Create Physical Sky（创建物理天空）图标，为场景添加物理天空灯光，如图2-79所示。

图2-79

02 在"属性编辑器"面板中展开Physical Sky Attributes（物理天空属性）卷展栏，设置物理天空灯光的Elevation（海拔）的值为30，Azimuth（方位角）的值为90，Intensity（强度）的值为5，Sun Size（太阳尺寸）的值为5，如图2-80所示。

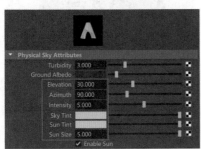

图2-80

03 选择一个合适的仰视角度，渲染场景，渲染结果如图2-81所示。

图2-81

04 从渲染结果上看，蝴蝶翅膀的白色部分被渲染了出来，这时，需要在"大纲视图"面板中选择之前隐藏的组合对象，如图2-82所示。

图2-82

05 使用组合键Shift+H将其显示出来。然后在视图中将这3个蝴蝶组合使用"移动"工具调整至摄影机拍摄不到的位置上。再次渲染场景，渲染效果如图2-83所示。

图2-83

06 仔细观察渲染结果，还能看到每一只蝴蝶的腹部位置处会出现一个圆点，这个圆点是粒子的渲染结果。在"大纲视图"面板中选择粒子对象，单击"渲染"工具架上的"标准曲面材质"图标，如图2-84所示。为粒子添加一个标准曲面材质。

图2-84

07 展开"几何体"卷展栏，把"不透明度"的颜色设置为黑色，如图2-85所示。这样，粒子就不会渲染出来了。

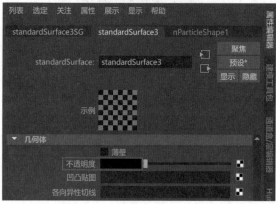

图2-85

08 设置完成后，再次渲染场景，本实例的最终渲染结果如图2-86所示。

图2-86

2.3 技术专题

2.3.1 调整蝴蝶翅膀扇动的速度

在本实例中，每一只蝴蝶翅膀的扇动速度是相同的，如果想调整蝴蝶翅膀扇动的速度，操作步骤如下。

01 在场景中选择蝴蝶翅膀模型，如图2-87所示。

图2-87

02 按住Shift键，选择翅膀模型的关键帧，如图2-88所示。调整其位置至如图2-89所示。

图2-88

图2-89

03 执行菜单栏中的"可视化"|"为选定对象生成重影"命令，如图2-90所示。

图2-90

04 在视图中观察调整了关键帧位置后的蝴蝶翅膀

所生成的重影效果，如图2-91所示。

图2-91

05 对场景中的另外两只蝴蝶模型也生成重影效果，即可通过重影效果判断出蝴蝶翅膀扇动的快慢，即重影间距越大，运动速度越快，反之亦然，如图2-92所示。

图2-92

2.3.2 调整蝴蝶前进的方向

本实例中蝴蝶的方向主要受场景中曲线的长度影响，当粒子沿着曲线从一个端点运动至另外一个端点时，粒子会原路折回，如图2-93和图2-94所示。

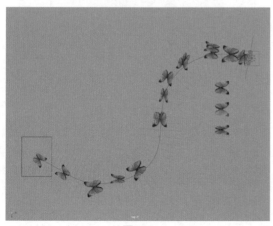

图2-93

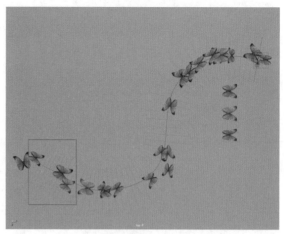

图2-94

这时，可以通过调整曲线的长度来避免蝴蝶折回飞行，具体操作步骤如下。

01 在"大纲视图"面板中选择曲线，如图2-95所示。

图2-95

02 在视图中右击并执行"控制顶点"命令，如图2-96所示。

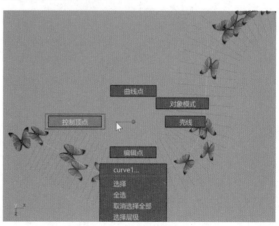

图2-96

03 使用"移动"工具调整曲线上的控制顶点至如图2-97所示。这时，会发现随着曲线的形变，曲线上的体积曲线场也跟着产生了形变。

图2-97

04 调整完成后，再次播放场景动画，会看到因为曲线的长度增加了，蝴蝶在飞行的过程中就不会出现折回的情况了，如图2-98所示。

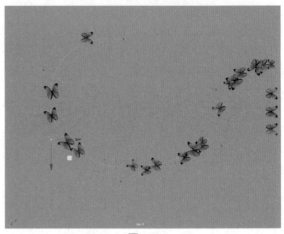

图2-98

2.4 本章小结

本章从制作蝴蝶模型、贴图材质及设置蝴蝶的动画关键帧开始讲起，详细地为读者介绍了粒子动画的整个工作流程，并包括在具体的制作过程中可能遇到的一些问题及解决方法。读者可以通过学习本章实例，加深对Maya软件中粒子系统主要参数的理解，并掌握粒子动画的制作思路。

第 3 章

雨滴滑落动画技术

3.1　效果展示

　　本章将讲解如何在粒子系统中使用表达式来制作一个雨滴在窗户玻璃上滑落的特效动画，希望通过讲解本实例来带领读者逐步了解一些与粒子系统有关的表达式设置方法。本实例的最终渲染完成结果如图3-1所示。

图3-1（续）

3.2　制作流程

3.2.1　使用渐变控制粒子的发射位置

图3-1

01　启动中文版Maya 2022软件，单击"多边形建模"工具架上的"多边形平面"图标，如图3-2所示。在场景中创建一个平面模型。

图3-2

02　在"通道盒/层编辑器"面板中，设置其参数值至如图3-3所示。设置完成后，平面模型的视图显示结果如图3-4所示。

03　选择平面模型，单击FX工具架上的"添加发射器"图标，如图3-5所示。将所选择的模型设置为粒子发射器。

04　观察"大纲视图"面板，可以看到粒子发射器位于平面模型下方，如图3-6所示。

05　播放场景动画，粒子的发射效果如图3-7所示。

06 在"大纲视图"面板中，选择粒子发射器对象，展开"基本发射器属性"卷展栏，设置"发射器类型"为"表面"，如图3-8所示。

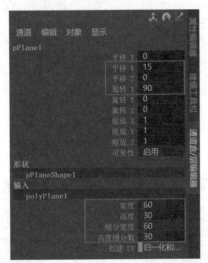

图3-3

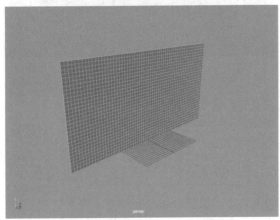

图3-4

图3-5

图3-6

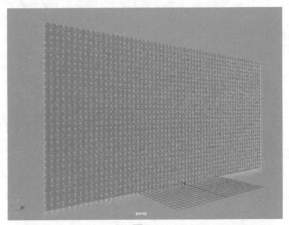

图3-7

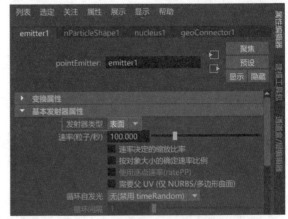

图3-8

07 在"基础自发光速率属性"卷展栏中，设置"速率"的值为0，如图3-9所示。

图3-9

08 在"着色"卷展栏中，设置"粒子渲染类型"为"球体"，如图3-10所示。

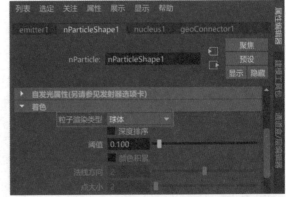

图3-10

09 设置完成后，播放场景动画，粒子的运动效果如图3-11所示。

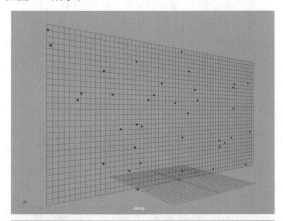

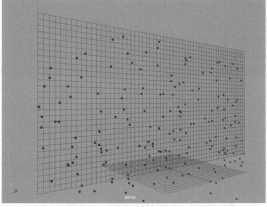

图3-11

10 选择平面模型，单击"渲染"工具架上的"标准曲面材质"图标，如图3-12所示。

图3-12

11 在"基础"卷展栏中，单击"颜色"后面的方形按钮，如图3-13所示。

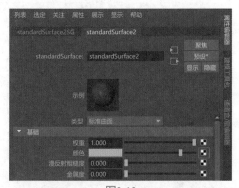

图3-13

12 在系统自动弹出的"创建渲染节点"面板中选择"渐变"选项，如图3-14所示。

图3-14

13 单击"带纹理"按钮，使得场景中的模型显示出渐变颜色，如图3-15所示。

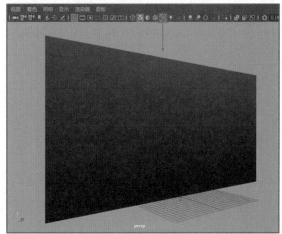

图3-15

14 选择平面模型，单击"多边形建模"工具架上的"平面映射"图标，如图3-16所示。

图3-16

15 在"投影属性"卷展栏中，设置参数值至如图3-17所示。设置完成后，平面模型的贴图坐标如图3-18所示。

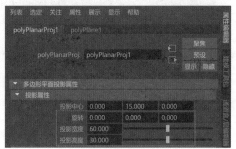

图3-17

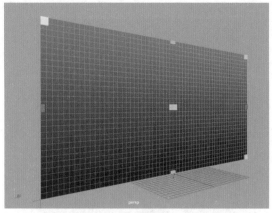

图3-18

16 在"渐变属性"卷展栏中，设置"插值"为"无"，调整白色的"选定位置"为0.95，如图3-19所示。

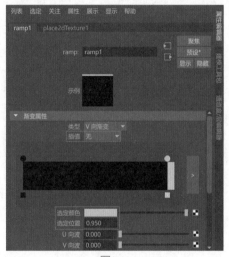

图3-19

17 设置完成后，观察场景，平面模型的视图显示效果如图3-20所示。

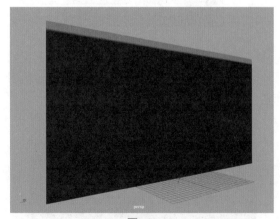

图3-20

18 单击"显示Hypershade窗口"按钮，如图3-21所示，打开Hypershade面板。

图3-21

19 在Hypershade面板中的"纹理"选项卡中，将刚刚调整完成的"渐变"贴图，使用鼠标中键拖曳至"纹理自发光属性（仅NURBS/多边形曲面）"卷展栏中的"纹理速率"属性上，并勾选"启用纹理速率"选项，如图3-22所示。

图3-22

20 设置完成后，播放场景动画，可以看到粒子会从平面模型上方的白色区域开始发射，如图3-23所示。

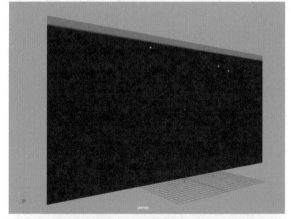

图3-23

3.2.2　使用表达式控制粒子的运动

01 在"大纲视图"面板中，选择粒子对象和平面模型，如图3-24所示。

图3-24

02 单击nParticle|"目标"后面的方形按钮，如图3-25所示。

图3-25

03 在系统自动弹出的"目标选项"面板中，设置"目标权重"的值为1，单击"创建"按钮关闭该面板，如图3-26所示。

图3-26

04 这时，播放场景动画，可以看到粒子会从平面模型的底部开始产生，如图3-27所示。

05 选择粒子对象，在"基本发射器属性"卷展栏中，勾选"需要父UV（仅NURBS/多边形曲面）"选项，如图3-28所示。

06 在"添加动态属性"卷展栏中，单击"常规"按钮，如图3-29所示。

07 在系统自动弹出的"添加属性"对话框中，选择如图3-30所示的4个属性，并单击"确定"按钮，

将其添加至"每粒子（数组）属性"卷展栏中，如图3-31所示。

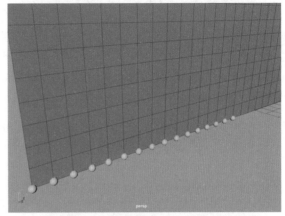

图3-27

图3-28

图3-29

图3-30

图3-31

08 将光标放置到"目标V"属性上，右击并执行"创建表达式"命令，如图3-32所示。

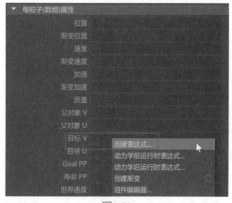

图3-32

09 在系统自动弹出的"表达式编辑器"面板中，输入：

nParticleShape1.goalU=nParticleShape1.parentU;

nParticleShape1.goalV=nParticleShape1.parentV;

单击"创建"按钮，如图3-33所示。

图3-33

◎技巧与提示·◎

书写表达式时，一定要注意是在英文输入法下添加标点符号。

10 设置完成后，播放场景动画，可以看到现在场景中的粒子将不会受到重力影响向下运动，如图3-34所示。

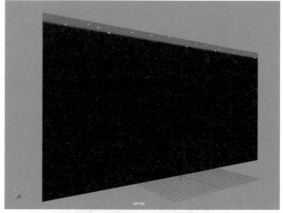

图3-34

11 在"表达式编辑器"面板中，设置"粒子"的选项为"运行时动力学后"，并输入：

nParticleShape1.goalV+=.01*-1;

单击"创建"按钮，如图3-35所示。

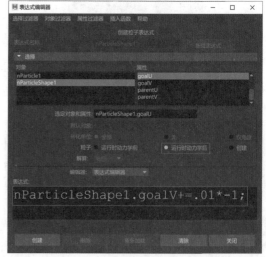

图3-35

12 设置完成后，播放场景动画，可以看到现在粒子将会向下方进行运动，如图3-36所示。

13 在"寿命"卷展栏中，设置"寿命模式"为"恒定"，"寿命"的值为4，如图3-37所示。这样，再次播放动画，可以看到粒子在下落的过程中快要接近平面模型底部位置时将消失。

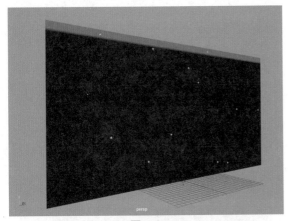

图3-36

图3-37

3.2.3　使用粒子模拟雨滴拖尾效果

01 在"大纲视图"面板中选择粒子对象，如图3-38所示。

图3-38

02 单击FX工具架上的"添加发射器"图标，如图3-39所示。

图3-39

03 在"大纲视图"面板中，可以看到第2个粒子发射器位于第1个粒子对象下方，如图3-40所示。

图3-40

04 播放场景动画，粒子的模拟效果如图3-41所示。

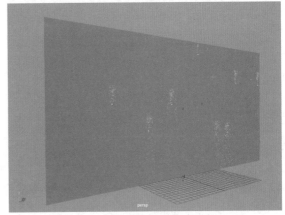

图3-41

05 选择第2个粒子对象，在"动力学特性"卷展栏中，勾选"忽略解算器重力"选项，如图3-42所示。

图3-42

06 在"碰撞"卷展栏中，取消勾选"碰撞"选项，如图3-43所示。

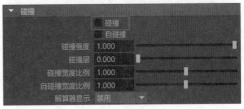

图3-43

07 设置完成后，播放场景动画，粒子的运动效果如图3-44所示。

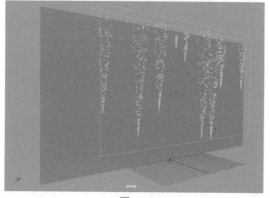

图3-44

08 在"基础自发光速率属性"卷展栏中，设置"速率"的值为0，如图3-45所示。

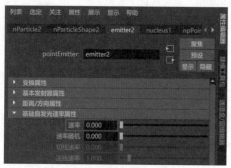

图3-45

09 设置完成后，播放场景动画，粒子的运动效果如图3-46所示。

10 在"着色"卷展栏中，设置"粒子渲染类型"为"滴状曲面（s/w）"，如图3-47所示。

11 在"添加动态属性"卷展栏中，单击"常规"按钮，如图3-48所示。

12 在系统自动弹出的"添加属性"对话框中，选择如图3-49所示的radiusPP属性，并单击"确定"按钮，将其添加至"每粒子（数组）属性"卷展栏中。

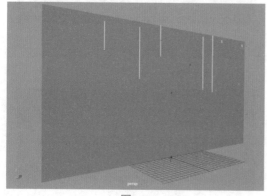

图3-46

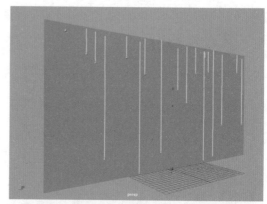

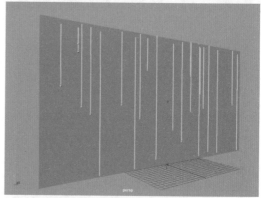

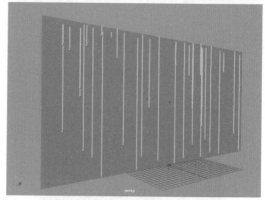

图3-46（续）

图3-47

图3-48

图3-49

13 在"每粒子（数组）属性"卷展栏中，将光标放置于"半径PP"属性上，右击并执行"创建渐变"命令，如图3-50所示。

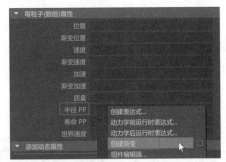

图3-50

14 设置完成后，播放场景动画，粒子的形状如图3-51所示。

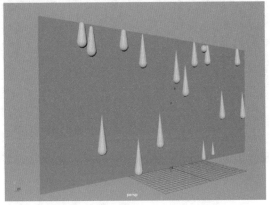

图3-51

15 在"数组映射器属性"卷展栏中，设置"最小值"的值为0.1，"最大值"的值为0.35，如图3-52所示。

图3-52

16 设置完成后，播放场景动画，粒子的形状如图3-53所示。

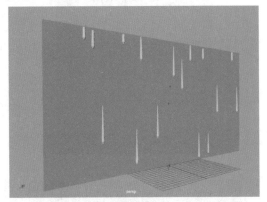

图3-53

17 在"寿命"卷展栏中，设置"寿命"的值为3，如图3-54所示。

图3-54

18 设置完成后，播放场景动画，粒子的形状如图3-55所示。

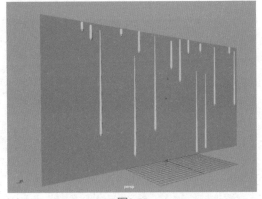

图3-55

3.2.4　使用表达式为雨滴动画添加细节

01 在"大纲视图"面板中选择第1个粒子对象，如图3-56所示。

02 在"每粒子（数组）属性"卷展栏中，将光标放置到"目标V"属性上，右击并执行"创建表达式"命令，如图3-57所示。

图3-56

图3-57

03 在"表达式编辑器"面板中,设置"粒子"的选项为"运行时动力学后",并在之前所书写的表达式下方输入:

nParticleShape1.goalU+=noise(sphrand(time+id))*.002;
单击"编辑"按钮,如图3-58所示。

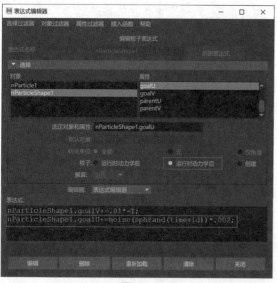

图3-58

04 设置完成后,播放场景动画,粒子的动画效果如图3-59所示。这次可以看出雨滴在向下滑落的过程中还会左右产生一点点的位移效果,使得雨滴的形态

看起来更加自然。

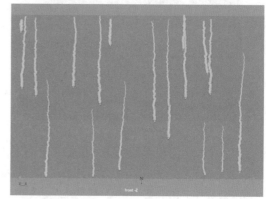

图3-59

05 在"表达式编辑器"面板中,将刚刚输入的表达式更改为:

nParticleShape1.goalU+=noise(sphrand(time+id))*.002+.001;
单击"编辑"按钮,如图3-60所示。

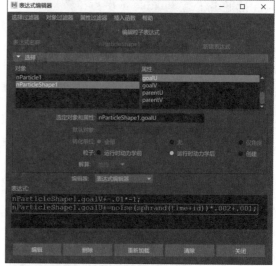

图3-60

◎技巧与提示·◦

当关闭"表达式编辑器"面板后,如果再次打开该面板,可以发现之前所输入的表达式会自动产生一些变化。这是Maya软件检查表达式后自动进行修改的结果,如图3-61所示。修改后的表达式并不会对之前的动画产生影响。

06 设置完成后,播放场景动画,粒子的动画效果如图3-62所示。这一次可以模拟出由于受风的影响雨滴在向下滑落的过程中所产生的一点点倾斜的效果。这种情况在乘坐交通工具时会显得更加明显。

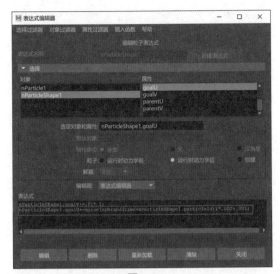

图3-61

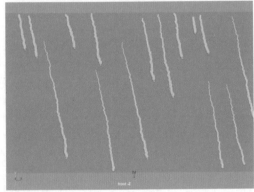

图3-62

07 在"表达式编辑器"面板中，将刚刚输入的表达式更改为：

nParticleShape1.goalU+=noise(sphrand(time+id))*.002-.001;

单击"编辑"按钮，如图3-63所示。

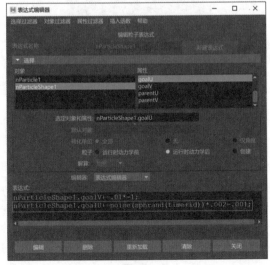

图3-63

08 设置完成后，播放场景动画，粒子的动画效果如图3-64所示。

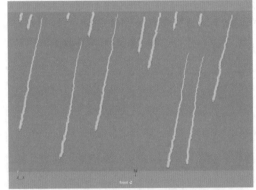

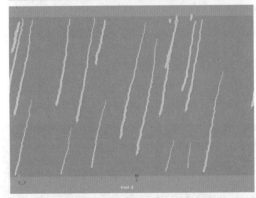

图3-64

09 在"大纲视图"面板中选择第2个粒子对象，如图3-65所示。

图3-65

10 执行菜单栏中的"修改"|"转化"|"nParticle到多边形"命令，雨滴的视图显示效果如图3-66所示。

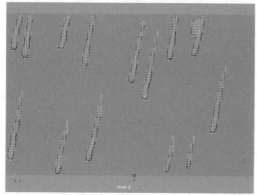

图3-66

11 在"输出网格"卷展栏中，设置"网格三角形大小"的值为0.1，"最大三角形分辨率"的值为300，"网格平滑迭代次数"的值为2，如图3-67所示。

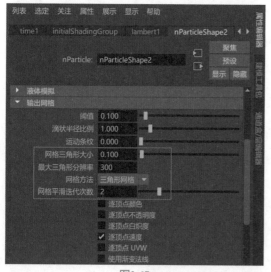

图3-67

12 设置完成后，雨滴的视图显示效果如图3-68所示。

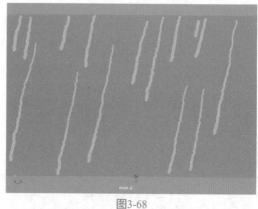

图3-68

3.2.5 使用粒子模拟玻璃上静止的雨滴

01 选择平面模型，如图3-69所示。

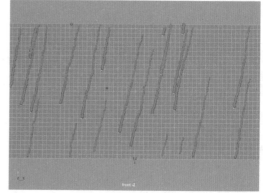

图3-69

02 单击FX工具架上的"添加发射器"图标，如图3-70所示。将所选择的模型设置为粒子发射器，如图3-71所示。

图3-70

图3-71

03 在"基本发射器属性"卷展栏中,设置"发射器类型"为"表面","速率(粒子/秒)"的值为1000,如图3-72所示。

图3-72

04 在"基础自发光速率属性"卷展栏中,设置"速率"的值为0,如图3-73所示。

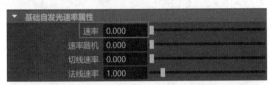

图3-73

05 在"着色"卷展栏中,设置"粒子渲染类型"为"滴状曲面(s/w)",如图3-74所示。

图3-74

06 在"寿命"卷展栏中,设置"寿命模式"为"随机范围","寿命"的值为3,"寿命随机"的值为1,如图3-75所示。

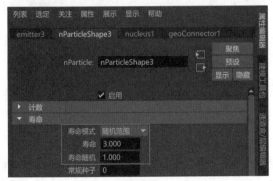

图3-75

07 在"动力学特性"卷展栏中,勾选"忽略解算器重力"选项,如图3-76所示。

08 在"碰撞"卷展栏中,取消勾选"碰撞"选项,如图3-77所示。

图3-76

图3-77

09 设置完成后,播放场景动画,粒子模拟出来的雨滴显示效果如图3-78所示。

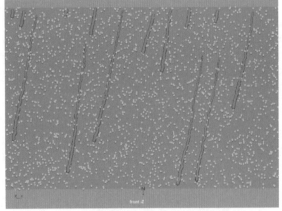

图3-78

10 在"大纲视图"面板中选择第3个粒子对象,如图3-79所示。

图3-79

11 执行菜单栏中的"修改"|"转化"|"nParticle到多边形"命令，在"输出网格"卷展栏中，设置"滴状半径比例"的值为0.65，"网格三角形大小"的值为0.1，"最大三角形分辨率"的值为200，"网格平滑迭代次数"的值为1，如图3-80所示。

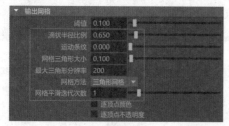

图3-80

12 设置完成后，播放场景动画，本实例最终模拟出来的雨滴视图显示结果如图3-81所示。

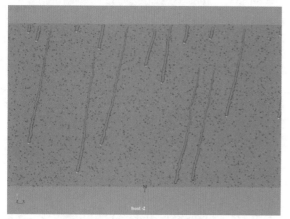

图3-81

3.2.6 制作雨滴和玻璃材质

01 在"大纲视图"面板中，选择雨滴模型，如图3-82所示。

图3-82

02 单击"渲染"工具架上的"标准曲面材质"图标，如图3-83所示。

图3-83

03 在"镜面反射"卷展栏中，设置"粗糙度"的值为0，IOR的值为1.5，如图3-84所示。

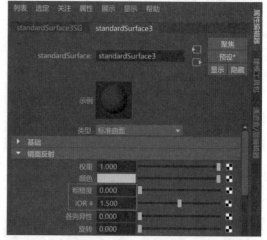

图3-84

04 在"透射"卷展栏中，设置"权重"的值为1，如图3-85所示。

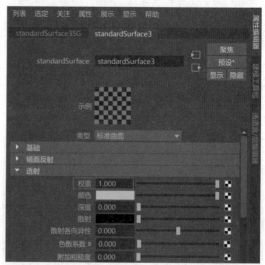

图3-85

05 制作完成的雨滴材质球显示结果如图3-86所示。

06 接下来，制作玻璃材质。在"大纲视图"面板中选择平面模型，如图3-87所示。单击"渲染"工具架上的"标准曲面材质"图标，为其指定一个标准曲面材质。

图3-86

图3-87

07 在"镜面反射"卷展栏中,设置"粗糙度"的值为0.1,如图3-88所示。

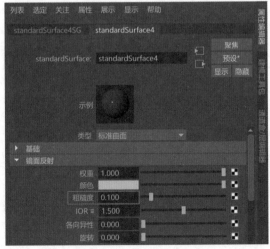

图3-88

08 在"透射"卷展栏中,设置"权重"的值为1,如图3-89所示。

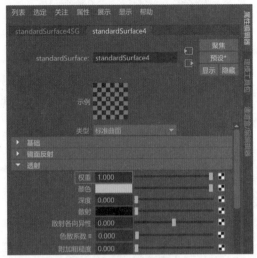

图3-89

09 制作完成的玻璃材质球显示结果如图3-90所示。

图3-90

3.2.7 使用标准曲面材质制作窗外效果

01 单击"多边形建模"工具架上的"多边形平面"图标,如图3-91所示。在场景中创建一个平面模型。

图3-91

02 在"通道盒/层编辑器"面板中,设置其参数值至如图3-92所示。

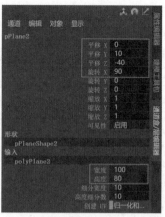

图3-92

03 设置完成后，平面模型的视图显示结果如图3-93所示。该平面模型用来模拟窗外环境。

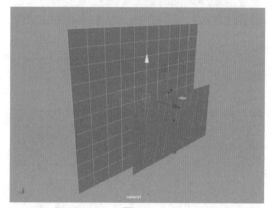

图3-93

04 选择该平面模型，单击"渲染"工具架上的"标准曲面材质"图标，如图3-94所示。

图3-94

05 在"基础"卷展栏中，单击"颜色"参数后面的方形按钮，如图3-95所示。

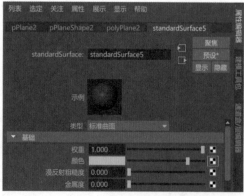

图3-95

06 在系统自动弹出的"创建渲染节点"面板中选择"文件"选项，如图3-96所示。

图3-96

07 在"文件属性"卷展栏中，在"图像名称"属性上添加一张"雨天照片.jpg"贴图，如图3-97所示。

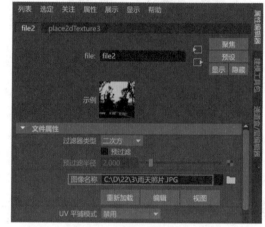

图3-97

08 设置完成后，在场景中观察贴图显示效果如图3-98所示。

图3-98

3.2.8 渲染设置

01 单击Arnold工具架上的Create Physical Sky（创建物理天空）图标，为场景添加物理天空灯光，如图3-99所示。

图3-99

02 在"属性编辑器"面板中展开Physical Sky Attributes（物理天空属性）卷展栏，设置物理天空灯光的Elevation（海拔）的值为45，Azimuth（方位角）的值为90，Intensity（强度）的值为5，取消勾选Enable Sun（启用太阳）选项，如图3-100所示。

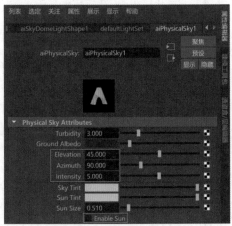

图3-100

03 单击"渲染"工具架上的"创建摄影机"图标，如图3-101所示。

图3-101

04 在"通道盒/层编辑器"面板中调整摄影机的参数如图3-102所示，并为其设置关键帧以固定摄影机的位置。

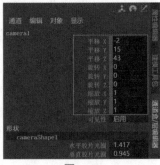

图3-102

05 执行菜单栏中的"面板"|"透视"|camera1命令，如图3-103所示，将视图切换至"摄影机"视图。

图3-103

06 将场景中的第1个粒子对象隐藏起来，渲染场景，本实例的最终渲染结果如图3-104所示。

图3-104

3.3 技术专题

3.3.1 调整雨滴的形态

在本实例中，调整雨滴的形态主要由"输出网格"卷展栏内的参数控制，如图3-105所示。

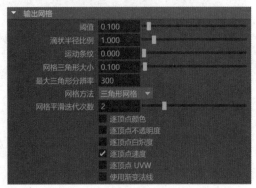

图3-105

参数解析

- 阈值：用于调整粒子创建的曲面的平滑度，如图3-106所示分别为该值是0.1和1.5的显示结果对比。

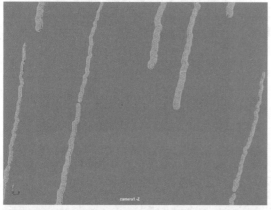

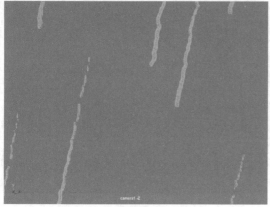

图3-106

- 滴状半径比例：指定粒子"半径"的比例缩放量，以便在粒子上创建适当平滑的曲面，如图3-107所示分别为该值是1和2的显示结果对比。

- 运动条纹：根据粒子运动的方向及其在一个时间步内移动的距离拉长单个粒子。

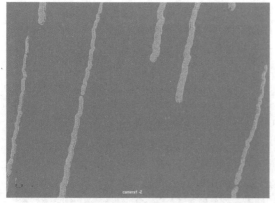

图3-107

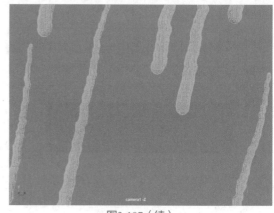

图3-107（续）

- 网格三角形大小：决定创建粒子输出网格所使用的三角形的尺寸，如图3-108所示分别为该值是0.1和0.3的显示结果对比。

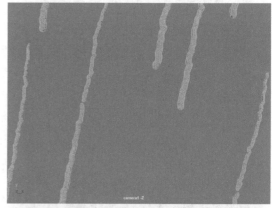

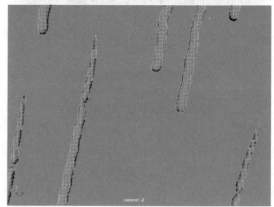

图3-108

- 最大三角形分辨率：指定创建输出网格所使用的栅格大小。

- 网格方法：指定生成n粒子输出网格等值面所使用的多边形网格的类型，有"三角形网格""四面体""锐角四面体"和"四边形网格"4种可选，如图3-109所示。如图3-110~图3-113所示分别为这4种不同方法的液体输出网格形态。

● 网格平滑迭代次数：指定应用于粒子输出网
格的平滑度。如图3-114所示为该值分别是0
和2的液体平滑结果对比。

图3-109

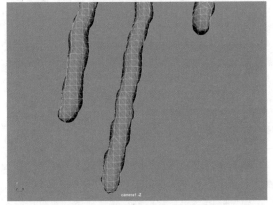

图3-110

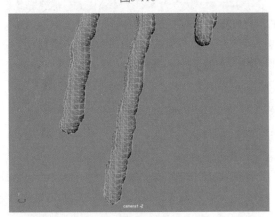

图3-111

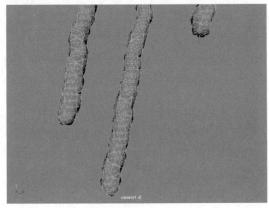

图3-112

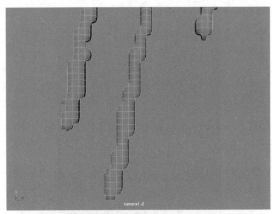

图3-113

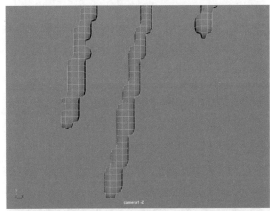

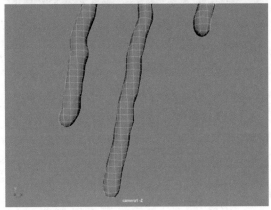

图3-114

3.3.2 如何显示已经网格化的粒子对象

在本实例中，当场景中的粒子对象转化为网格对
象后，场景中的粒子对象将处于隐藏状态，即只能看
到场景中的网格对象。那么如何显示隐藏的粒子对象
呢，具体操作步骤如下。

01 在"大纲视图"面板中选择粒子对象，如图3-115
所示。

图3-115

02 在"属性编辑器"面板中展开"对象显示"卷展栏，取消勾选"中间对象"选项，如图3-116所示。

图3-116

03 这样，观察场景，就又可以看到粒子对象了，如图3-117所示。

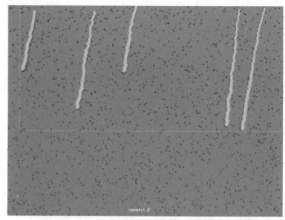

图3-117

3.4 本章小结

本章详细地为读者讲解了使用粒子系统来制作雨滴滑落动画的整个工作流程，并包括了在具体的制作过程中可能遇到的一些问题及解决方法。本章内容较多，尤其是涉及表达式的地方建议读者仔细观看教学视频进行学习。读者可以通过学习本章实例，加深对Maya软件中粒子系统主要参数的理解，并掌握粒子动画的制作思路。

第 4 章

雕塑坍塌动画技术

4.1 效果展示

本章将讲解使用粒子系统来制作雕塑坍塌的动画效果。本实例的最终渲染完成结果如图4-1所示。

图4-1

图4-1（续）

4.2 制作流程

4.2.1 使用粒子系统创建恐龙雕塑

01 启动中文版Maya 2022软件，执行菜单栏中的"效果"|"获取效果资产"命令，如图4-2所示。

图4-2

02 在系统自动弹出的"内容浏览器"面板中的"示例"选项卡里，执行Examples|Modeling|Sculpting Base Meshes|Animals命令，即可看到Maya为用户提供的一些动物模型，如图4-3所示。

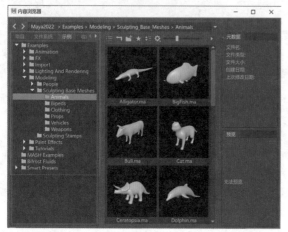

图4-3

03 将光标放置在三角恐龙图标上，右击并执行"导入"命令，如图4-4所示，即可将恐龙模型导入到当前场景中，如图4-5所示。

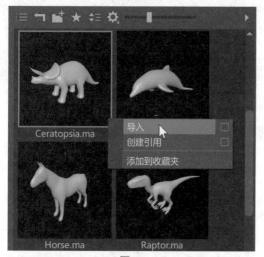

图4-4

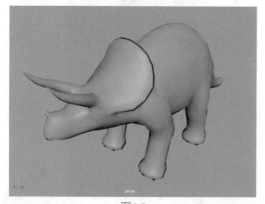

图4-5

04 在"通道盒/层编辑器"面板中，设置"缩放X""缩放Y"和"缩放Z"的值均为0.03，如图4-6所示。

05 设置完成后，恐龙模型的视图显示效果如图4-7所示。

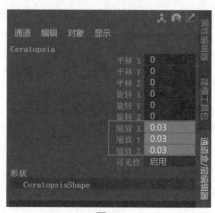

图4-6

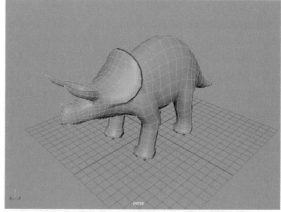

图4-7

06 选择恐龙模型，单击菜单栏nParticle|"填充对象"命令后面的方形按钮，如图4-8所示。

图4-8

07 在系统自动弹出的"粒子填充选项"面板中，设置"分辨率"的值为80，如图4-9所示。

08 单击该面板左下方的"粒子填充"按钮，进行粒子填充，填充完成后，将视图切换至线框显示状态，可以看到恐龙模型内部所填充的粒子效果如图4-10所示。

09 在"属性编辑器"面板中，展开"计数"卷展栏，可以看到生成的粒子总数，如图4-11所示。

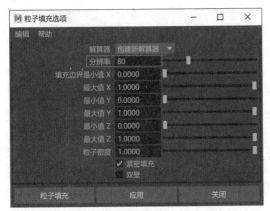

图4-9

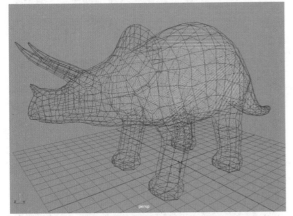

图4-10

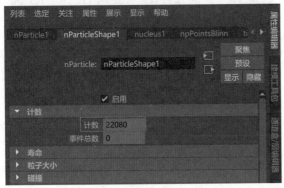

图4-11

　　使用"粒子填充"命令创建出来的粒子是没有发射器对象的，观察"大纲视图"面板，可以看到场景中只有粒子对象和动力学对象，如图4-12所示。

10 将场景中的恐龙模型隐藏，选择粒子对象，在"着色"卷展栏中，设置"粒子渲染类型"为"球体"，如图4-13所示。

图4-12

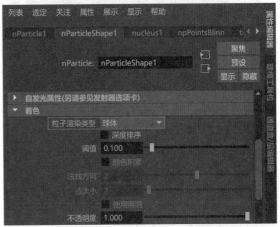

图4-13

11 设置完成后，粒子的视图显示效果如图4-14所示。

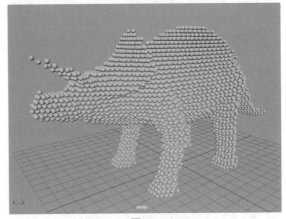

图4-14

4.2.2　为粒子对象设置动力学约束

01 选择粒子对象，在"地平面"卷展栏中，勾选"使用平面"选项，如图4-15所示。

02 设置完成后，播放场景动画，由于粒子对象默认状态下不会产生自碰撞效果，所以粒子下落后会重叠到一起。粒子的动画效果如图4-16所示。

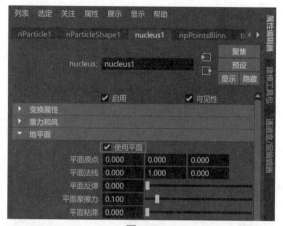

图4-15

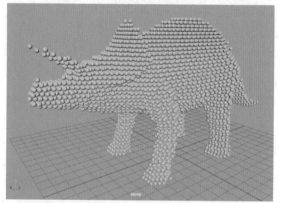

图4-16

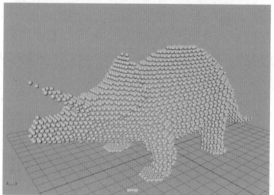

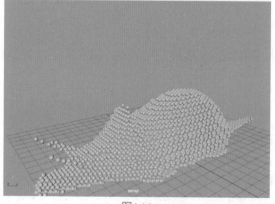

图4-16

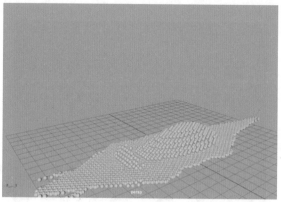

图4-16（续）

03 在"碰撞"卷展栏中，勾选"自碰撞"选项，设置"摩擦力"的值为1，"粘滞"的值为1，如图4-17所示。

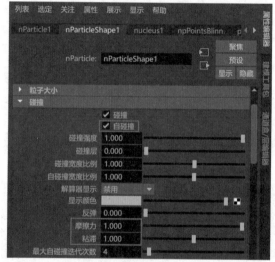

图4-17

04 设置完成后，播放场景动画，设置了自碰撞计算后，粒子的动画效果如图4-18所示。

05 接下来，开始为粒子对象设置动力学约束。在第1帧位置处，右击并执行"粒子"命令，如图4-19所示。

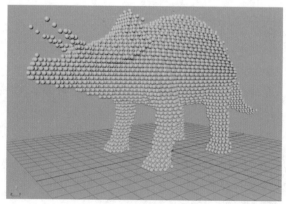

图4-18

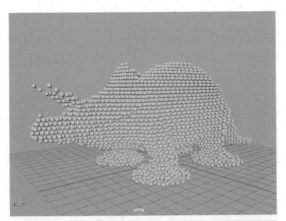

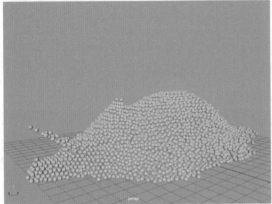

图4-18（续）

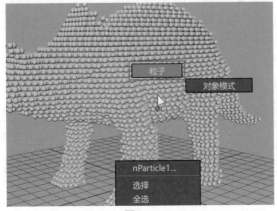

图4-19

06 选择如图4-20所示的粒子，执行菜单栏中的nConstraint|"组件到组件"命令，如图4-21所示。

图4-20

图4-21

07 在"动态约束属性"卷展栏中，设置"连接方法"为"在最大距离内"，"最大距离"的值为0.5，如图4-22所示。

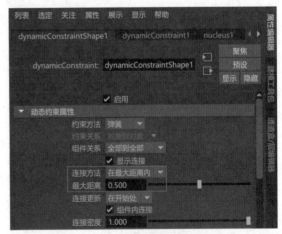

图4-22

08 设置完成后，在视图中可以看到粒子的显示效果如图4-23所示。

09 在"连接密度范围"卷展栏中，设置"强度"的值为1，"切线强度"的值为1，如图4-24所示。

10 选择如图4-25所示的粒子，执行菜单栏中的nConstraint|"组件到组件"命令，并进行同样的参

数设置，设置完成后，粒子的视图显示效果如图4-26所示。

图4-23

图4-24

图4-25

图4-26

11 选择如图4-27所示的粒子，执行菜单栏中的nConstraint|"组件到组件"命令，并进行同样的参数设置，设置完成后，粒子的视图显示效果如图4-28所示。

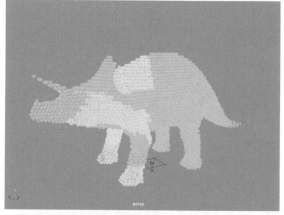

图4-27

图4-28

12 设置完成后，播放场景动画，可以看到设置了动力学约束后，粒子在下落的过程中会维持几个较大的粒子块，并且不会散开。粒子的动画效果如图4-29所示。

图4-29

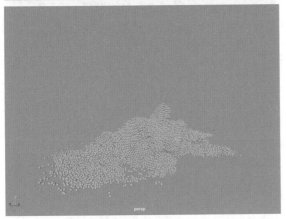

图4-29（续）

◎技巧与提示·o

　　当为粒子对象设置了多个动力学约束后，播放场景动画可能会非常卡顿，建议读者先保存场景文件，为粒子对象创建缓存文件之后再进行动画播放。

4.2.3　为粒子动力学约束设置关键帧

01 在"大纲视图"面板中选择第3个动力学约束对象，如图4-30所示。

图4-30

02 在"连接密度范围"卷展栏中，在第20帧位置处，为"粘合强度"设置关键帧，设置完成后，可以看到该参数的背景色会呈红色显示状态，如图4-31所示。

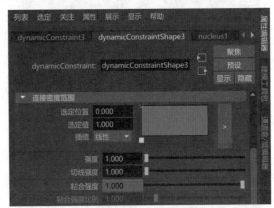

图4-31

03 在第25帧位置处，设置"粘合强度"的值为0.1，并为其设置关键帧，如图4-32所示。

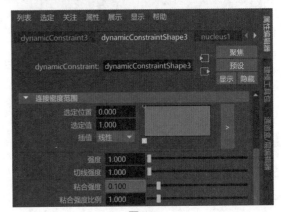

图4-32

04 在"大纲视图"面板中选择第2个动力学约束对象，如图4-33所示。

图4-33

05 在"连接密度范围"卷展栏中，在第50帧位置处，为"粘合强度"设置关键帧，设置完成后，如图4-34所示。

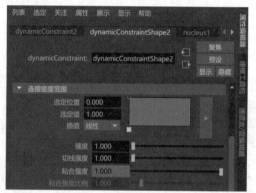

图4-34

06 在第55帧位置处，设置"粘合强度"的值为0.1，并为其设置关键帧，如图4-35所示。

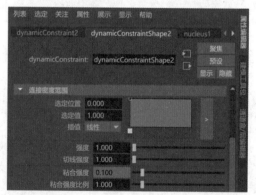

图4-35

07 设置完成后，播放场景动画，粒子对象的动画完成效果如图4-36所示。

08 选择粒子对象，在"颜色"卷展栏中，调整颜色至如图4-37所示，并设置"颜色输入"为"随机化的ID"。

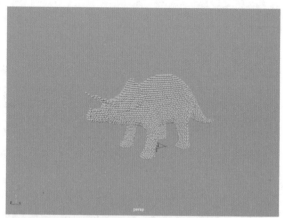
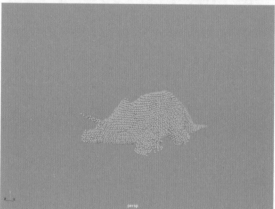

图4-36

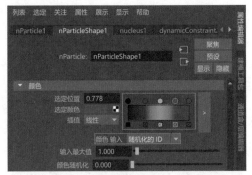

图4-37

09 设置完成后，再次播放动画，本实例的最终动画完成效果如图4-38所示。

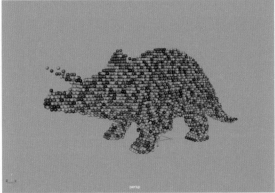

图4-38

图4-38（续）

4.2.4 渲染设置

01 单击"多边形建模"工具架上的"多边形平面"图标，如图4-39所示。

图4-39

02 在"通道盒/层编辑器"面板中，设置"宽度"和"高度"的值均为800，如图4-40所示。

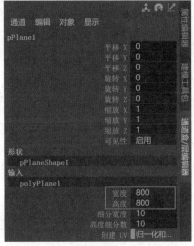

图4-40

03 设置完成后，平面模型的视图显示效果如图4-41所示。

04 单击Arnold工具架上的Create Physical Sky（创建物理天空）图标，为场景添加物理天空灯光，如图4-42所示。

05 在"属性编辑器"面板中展开Physical Sky Attributes（物理天空属性）卷展栏，设置物理天空灯光的Elevation（海拔）的值为35，Azimuth（方位角）的值为120，Intensity（强度）的值为6，如图4-43所示。

图4-41

图4-42

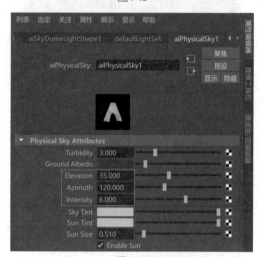

图4-43

06 渲染场景，本实例的最终渲染结果如图4-44所示。

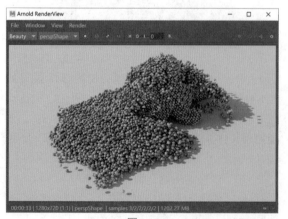

图4-44

4.3 技术专题

4.3.1 "粒子填充选项"面板参数解析

"粒子填充选项"面板中的参数主要用来控制粒子的填充效果，如图4-45所示。

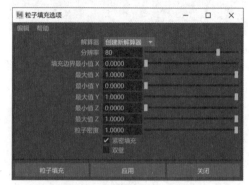

图4-45

参数解析

● 解算器：用来设置是否创建新解算器。

● 分辨率：用来控制粒子的填充分辨率，值越高，填充的精度越高。如图4-46和图4-47所示分别为该值是80和150的粒子填充效果。

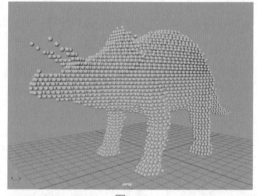

图4-46

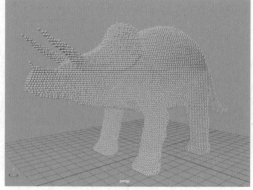

图4-47

- 填充边界最小值X：用来设置X方向上一侧的填充效果，如图4-48和图4-49所示分别为该值是0.1和0.6的粒子填充效果。

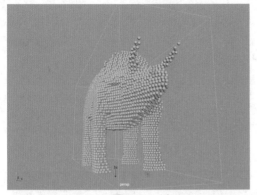

图4-48

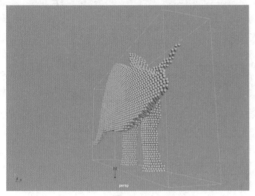

图4-49

- 最大值X：用来控制X方向上另一侧的填充效果。
- 最小值Y/最大值Y：用来控制Y方向上的粒子填充效果。
- 最小值Z/最大值Z：用来控制Z方向上的粒子填充效果。
- 粒子密度：用来控制生成粒子的密度，如图4-50和图4-51所示分别为该值是1和0.5的粒子填充效果。

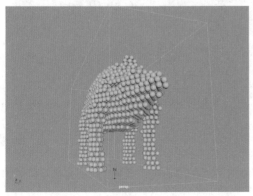

图4-50

图4-51

- 双壁：当填充如酒杯、瓶子等带有双层建模效果的模型时应勾选该选项。

4.3.2 "地平面"卷展栏参数解析

"地平面"卷展栏内的参数主要用来控制地面的位置及反弹和摩擦力等属性，如图4-52所示。

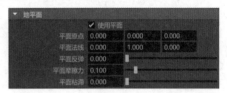

图4-52

参数解析

- 使用平面：勾选该选项后可以激活"地平面"卷展栏内的所有参数。
- 平面原点：用来设置平面的位置。
- 平面法线：用来设置平面的方向。
- 平面反弹：用来设置平面的反弹效果，值越大，粒子掉落下来后弹起的高度越高。
- 平面摩擦力：用来设置平面的摩擦力。
- 平面粘滞：用来设置平面的粘滞力。

4.4 本章小结

本章讲解了如何在模型的内部填充粒子来制作动画特效的流程，主要涉及粒子填充、粒子碰撞、动力学约束、关键帧动画等知识点，对于其中一些较复杂的操作，读者可以观察视频教学进行学习。

第 5 章
火焰燃烧特效技术

5.1　效果展示

　　本章将为读者讲解Maya软件中的流体特效动画制作方法。本章内容相对简单，希望通过讲解本实例来带领读者逐步了解流体系统制作特效动画的思路及基本操作。本实例的最终渲染完成结果如图5-1所示。

图5-1

图5-1（续）

5.2　制作流程

5.2.1　创建 3D 流体容器

01　启动中文版Maya 2022软件，打开本书配套资源场景文件"树干.mb"，里面有一截添加完成材质的树干模型，如图5-2所示。

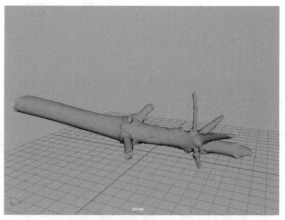

图5-2

02　观察"大纲视图"面板，可以看到这截树干模型是由两个部分组成的，如图5-3所示。

图5-3

03 单击FX工具架上的"具有发射器的3D流体容器"图标，如图5-4所示，在场景中创建一个流体容器，如图5-5所示。

图5-4

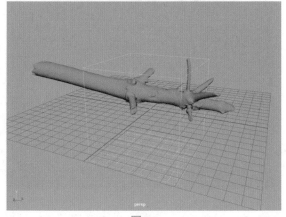

图5-5

04 在"大纲视图"面板中观察，当前的场景中多了一个容器和一个流体发射器，并且流体发射器处于容器的子层级，如图5-6所示。

图5-6

05 在"大纲视图"面板中选择流体发射器，在"通道盒/层编辑器"面板中，设置"平移X"的值为2，"平移Y"的值为5，如图5-7所示。设置完成后，流体容器的位置如图5-8所示。

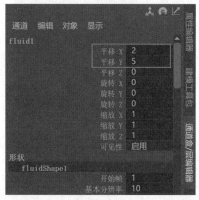

图5-7

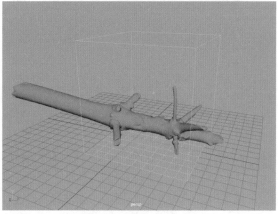

图5-8

06 播放场景动画，可以看到在默认状态下流体容器所模拟出来的向上方缓缓升起的白色烟雾效果，如图5-9所示。

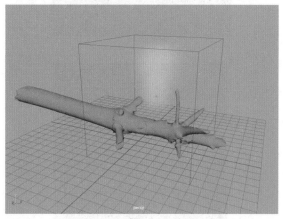

图5-9

07 在"大纲视图"面板中选择流体发射器，如图5-10所示，按Delete键将其删除。

图5-10

08 在场景中选择流体容器和树干模型，如图5-11所示。

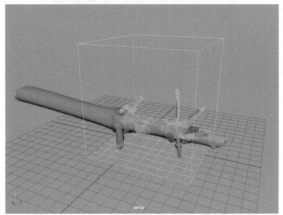

图5-11

09 单击FX工具架上的"从对象发射流体"图标，如图5-12所示。设置完成后，观察"大纲视图"面板，可以看到在树干模型的下方会添加一个新的流体发射器对象，如图5-13所示。

图5-12

图5-13

10 播放场景动画，可以看到白色的烟雾从树干模型上产生出来，如图5-14所示。

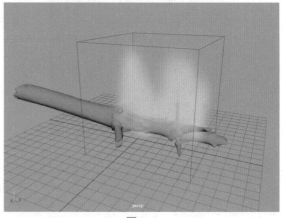

图5-14

11 选择流体容器，在"属性编辑器"面板中，展开"容器特性"卷展栏，设置"基本分辨率"的值为80，如图5-15所示。

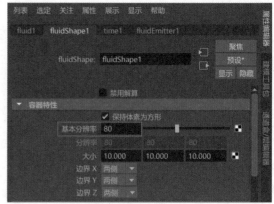

图5-15

12 播放场景动画，可以看到提高了"基本分辨率"后，流体容器所模拟出来的烟雾效果多了很多细节，并且当烟雾上升到容器边界时会产生阻挡效果，如图5-16和图5-17所示。

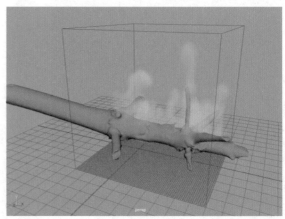

图5-16

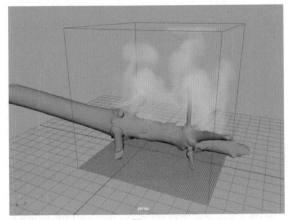

图5-17

13 在"显示"卷展栏中,设置"边界绘制"为"边界框",如图5-18所示。

图5-18

14 设置完成后,流体容器的显示效果如图5-19所示。

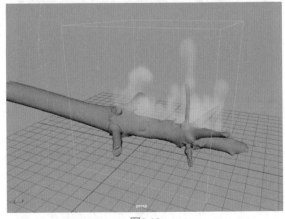

图5-19

5.2.2 调整烟雾的细节

01 在"容器特性"卷展栏中,设置"边界X"为"无","边界Y"为"-Y侧","边界Z"为"无",如图5-20所示。

图5-20

02 播放场景动画,可以看到烟雾在上升的过程中将不会被流体容器的边界框阻挡,如图5-21所示。

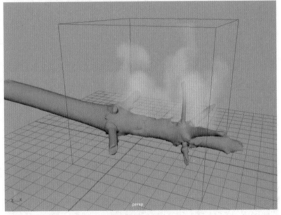

图5-21

03 在"自动调整大小"卷展栏中,勾选"自动调整大小"复选框,如图5-22所示。

图5-22

04 播放场景动画,可以看到随着烟雾的生成,流体容器的边界框大小也会随之发生改变,分别如图5-23和图5-24所示。

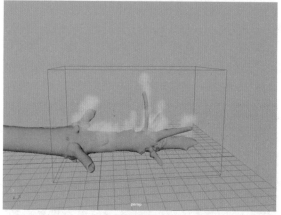

图5-23

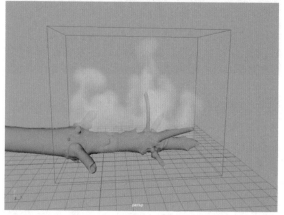

图5-24

05 在"内容详细信息"卷展栏内的"密度"卷展栏中，设置"浮力"的值为3，"消散"的值为0.8，"渐变力"的值为15，如图5-25所示。

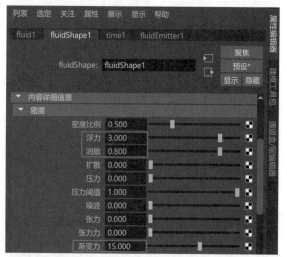

图5-25

06 在"速度"卷展栏中，设置"漩涡"的值为5，如图5-26所示。这样做可以使烟雾产生一些翻腾的细节效果，如图5-27所示。

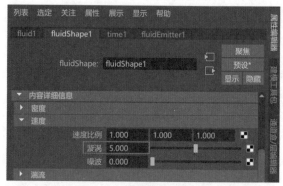

图5-26

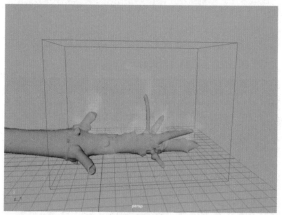

图5-27

07 在"内容方法"卷展栏中，设置"温度"为"动态栅格"，如图5-28所示。

图5-28

08 在"温度"卷展栏中，设置"温度比例"的值的值为2，"浮力"的值为20，"消散"的值为1，如图5-29所示。

09 选择流体容器，执行菜单栏中的"场/解算器"|"空气"命令，如图5-30所示。观察"大纲视图"面板，可以看到场景中多了一个空气场对象，如图5-31所示。

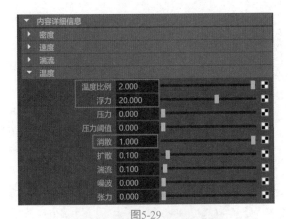

图5-29

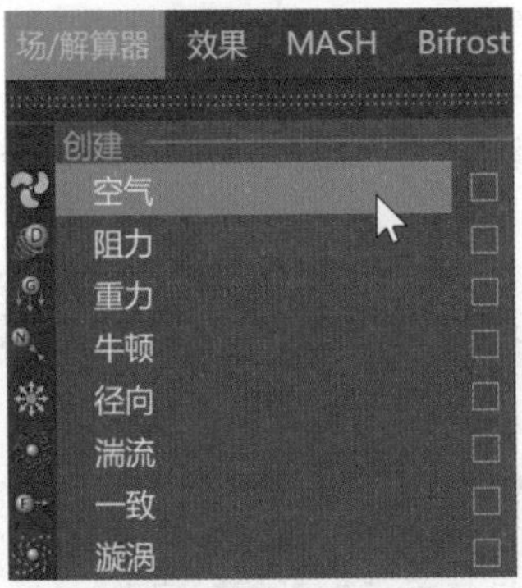

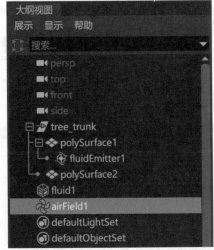

图5-30

图5-31

◎技巧与提示

添加“空气”场时，记得要先选择流体容器，这样，“空气”场才会自动对流体容器产生影响。

10 在“空气场属性”卷展栏中，设置“幅值”的值为10，“方向”的值为（1,0,0），如图5-32所示。

11 设置完成后，播放场景动画，流体动画效果如图5-33所示。

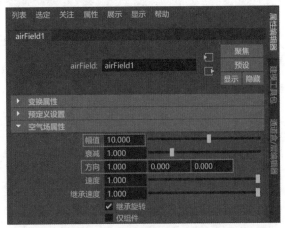

图5-32

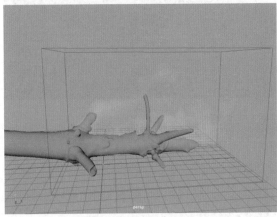

图5-33

12 在“颜色”卷展栏中，设置“选定颜色”为黑色，如图5-34所示。

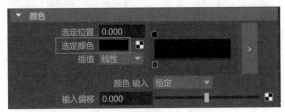

图5-34

13 在“白炽度”卷展栏中，设置黑色的“选定位置”的值为0，橙色的“选定位置”的值为0.3，黄色的“选定位置”的值为0.6，再添加一个白色，设置其“选定位置”的值为1，分别如图5-35~图5-38所示。

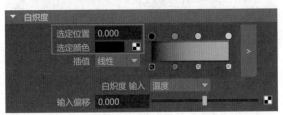

图5-35

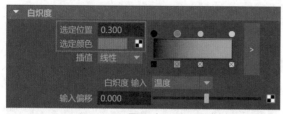

图5-36

图5-37

图5-38

⑭ 设置完成后，场景中的流体显示结果如图5-39所示。

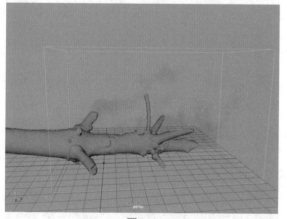

图5-39

⑮ 在"不透明度"卷展栏中，调整不透明度的曲线至如图5-40所示。

图5-40

⑯ 调整完成后，观察场景，流体容器模拟出来的火焰燃烧效果如图5-41所示。

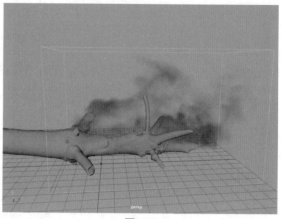

图5-41

⑰ 在"流体自发光湍流"卷展栏中，设置"湍流"的值为6，"细节湍流"的值为1，如图5-42所示。

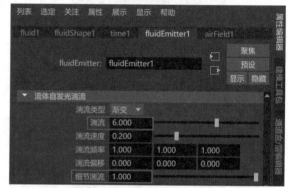

图5-42

⑱ 在"流体属性"卷展栏中，设置"热量/体素/秒"的值为3，如图5-43所示。

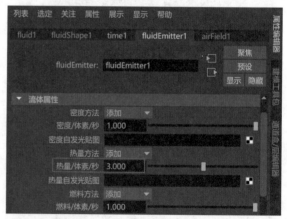

图5-43

⑲ 设置完成后，播放场景动画，流体容器模拟出来的火焰燃烧效果如图5-44所示。

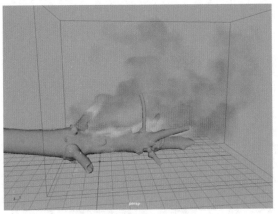

图5-44

5.2.3　设置火焰燃烧的模拟精度

01 选择流体容器，在"动力学模拟"卷展栏中，设置"高细节解算"为"所有栅格"，如图5-45所示。

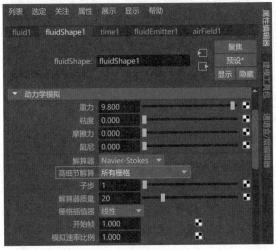

图5-45

02 设置完成后，播放场景动画，火焰燃烧的模拟效果如图5-46所示。

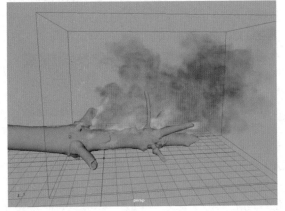

图5-46

03 在"动力学模拟"卷展栏中，设置"子步"的

值为3，"解算器质量"的值为120，如图5-47所示。

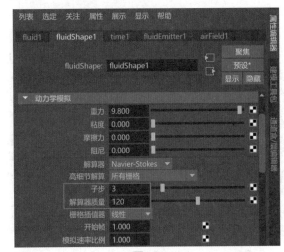

图5-47

04 设置完成后，播放场景动画，火焰燃烧的模拟效果如图5-48所示。

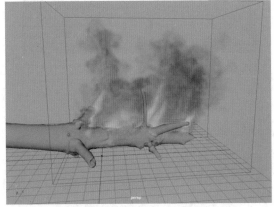

图5-48

05 在"动力学模拟"卷展栏中，设置"模拟速率比例"的值为1.5，如图5-49所示，可以提高火焰燃烧的动画速度。

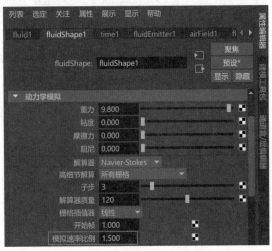

图5-49

06 在"容器特性"卷展栏中，设置"基本分辨率"的值为150，如图5-50所示。

图5-50

07 单击"FX缓存"工具架上的"创建缓存"图标，如图5-51所示。

图5-51

08 本实例模拟出来的火焰燃烧动画效果如图5-52所示。

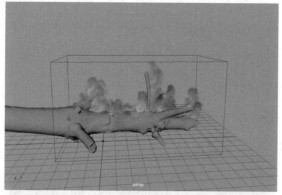

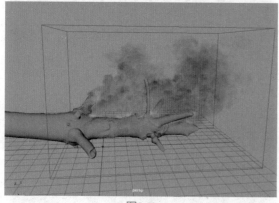

图5-52

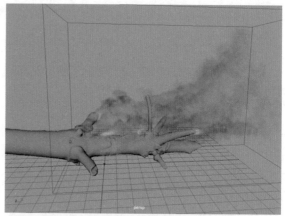

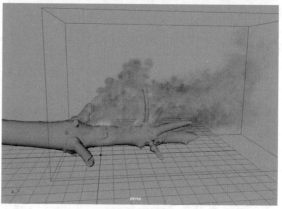

图5-52（续）

◎技巧与提示·。

　　读者在缓存文件之前应确保本地硬盘上留有足够空间，以本章为例，生成的200帧动画缓存文件一共需要23GB的空间来进行存储。

5.2.4　渲染设置

01 单击Arnold工具架上的Create Physical Sky（创建物理天空）图标，如图5-53所示，为场景添加物理天空灯光。

图5-53

02 在"属性编辑器"面板中，展开Physical Sky Attributes（物理天空属性）卷展栏，设置Intensity（强度）的值为5，提高物理天空灯光的强度，如图5-54所示。

03 单击"多边形建模"工具架上的"多边形平面"图标，如图5-55所示，在场景中创建一个平面模型。

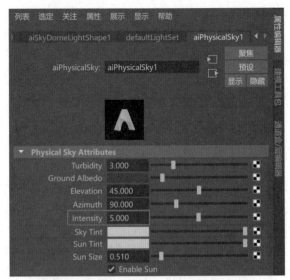

图5-54

图5-55

04 在"通道盒/层编辑器"面板中，设置"宽度"和"高度"的值均为200，如图5-56所示。

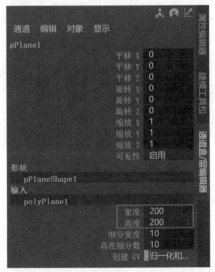

图5-56

05 单击"渲染"工具架上的"创建摄影机"图标，如图5-57所示。

图5-57

06 在"通道盒/层编辑器"面板中设置其参数值如图5-58所示，调整摄影机的位置。

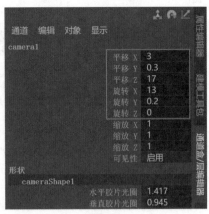

图5-58

07 设置完成后，在"摄影机"视图渲染场景，渲染结果如图5-59所示。

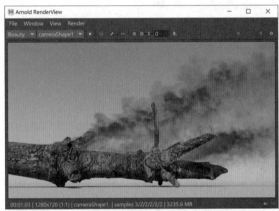

图5-59

08 最后再微调一下火焰的颜色。选择流体容器，在"白炽度"卷展栏中，设置黑色的"选定位置"的值为0.2，"输入偏移"的值为0.5，设置白色的"选定位置"的值为0.7，分别如图5-60和图5-61所示。

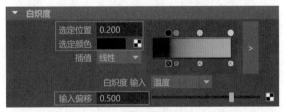

图5-60

图5-61

09 再次渲染场景，本实例最终模拟出来的火焰燃烧渲染效果如图5-62所示。

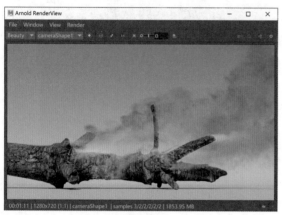

图5-62

5.3 技术专题

5.3.1 "容器特性"卷展栏参数解析

"容器特性"卷展栏中的参数主要控制流体容器
模拟的分辨率及边界设置，如图5-63所示。

图5-63

参数解析

- 保持体素为方形：该选项处于启用状态时，
  可以使用"基本分辨率"属性来同时调整流
  体 X、Y 和 Z 三个方向的分辨率。
- 基本分辨率：当"保持体素为方形"处于
  启用状态时可用。"基本分辨率"的值越
  大，容器的栅格越密集，计算精度越高，如
  图5-64所示分别为该值是10和30的栅格密度
  显示对比。
- 分辨率：以体素为单位定义流体容器的分
  辨率。
- 大小：以厘米为单位定义流体容器的大小。
- 边界X/边界Y/边界Z：用来控制流体容器的
  边界处理特性值的方式。

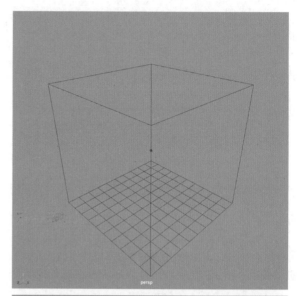

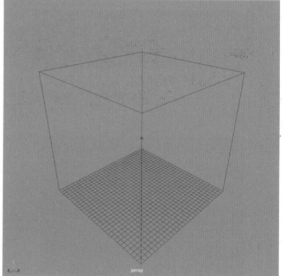

图5-64

5.3.2 "显示"卷展栏参数解析

"显示"卷展栏中的参数主要控制流体容器在视
图中的显示效果，如图5-65所示。

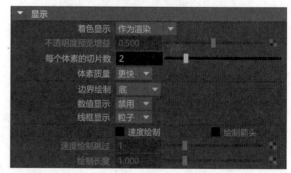

图5-65

常用参数解析

- 着色显示：定义当 Maya 处于着色显示模式时流体容器中显示哪些流体特性。
- 不透明度预览增益：当"着色显示"设置为"密度""温度""燃料"等选项时，激活该设置，用于调节硬件显示的"不透明度"。
- 每个体素的切片数：定义当 Maya 处于着色显示模式时每个体素显示的切片数。
- 体素质量：该值设定为"更好"时，在硬件显示中显示质量会更高。如果将其设定为"更快"，则显示质量会较低，但绘制速度会更快。
- 边界绘制：定义流体容器在视图中的显示方式，有"底""精简""轮廓""完全""边界框"和"无"这6个选项可选，如图5-66所示。如图5-67~图5-72所示分别为这6种方式的容器显示效果。

图5-66

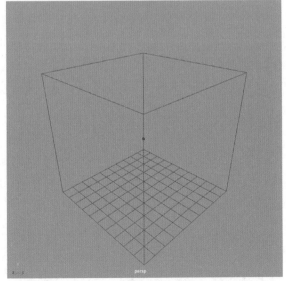

图5-67

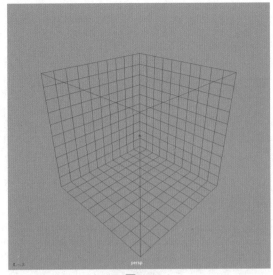

图5-68

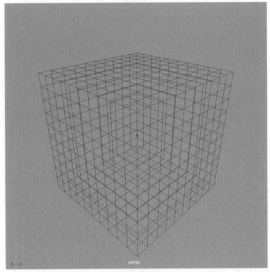

图5-69

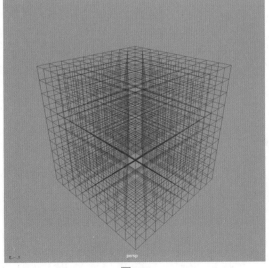

图5-70

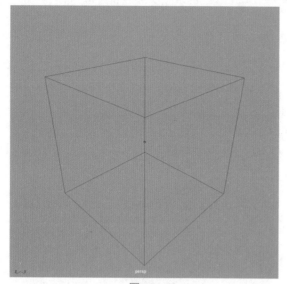

图5-71

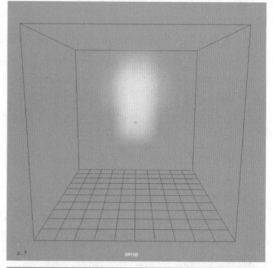

图5-72

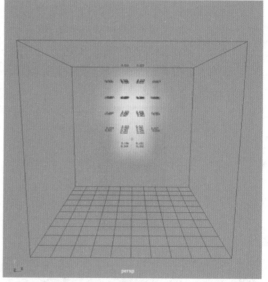

图5-73

- 数值显示：在"静态栅格"或"动态栅格"的每个体素中显示选定特性（"密度""温度"或"燃料"）的数值。如图5-73所示为开启了"密度"数值显示前、后的屏幕效果。

- 线框显示：用于设置流体处于线框显示下的显示方式，有"禁用""矩形"和"粒子"3种可选，如图5-74所示为"线框显示"为"矩形"和"粒子"的显示效果对比。

- 速度绘制：启用此选项可显示流体的速度向量。

- 绘制箭头：启用此选项可在速度向量上显示箭头。

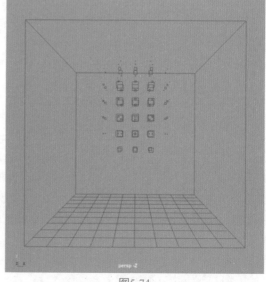

图5-74

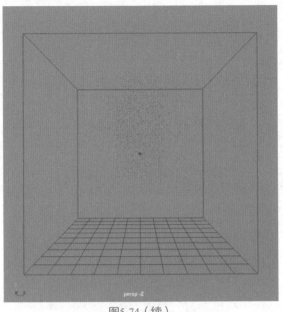

图5-74（续）

- 速度绘制跳过：增加该值可减少所绘制的速度箭头数。如果该值为 1，则每隔一个箭头

省略（或跳过）一次。如果该值为0，则绘制所有箭头。在使用高分辨率的栅格上增加该值可减少视觉混乱。
- 绘制长度：定义速度向量的长度（应用于速度幅值的因子）。值越大，速度分段或箭头就越长。对于具有非常小的力的模拟，速度场可能具有非常小的幅值。在这种情况下，增加该值将有助于可视化速度流。

5.4　本章小结

本章通过一个小实例带领读者开始接触Maya的流体系统，通过本实例，读者应熟练掌握流体动画的基本设置方法。流体系统既可以单独使用，也可以配合粒子系统进行使用。后面将详细讲解如何使用粒子系统和流体系统来制作较为复杂的特效动画。

第 6 章

龙卷风特效技术

6.1 效果展示

本章将讲解使用粒子系统和流体系统制作一个龙卷风的特效动画，希望通过讲解本实例来带领读者逐步了解并学习粒子系统和流体系统如何搭配使用制作特效动画的思路及基本操作。本实例的最终渲染完成结果如图6-1所示。

图6-1（续）

6.2 制作流程

6.2.1 使用 NURBS 圆柱体制作龙卷风模型

01 启动中文版Maya 2022软件，单击"曲线/曲面"工具架上的"NURBS圆柱体"图标，如图6-2所示。在场景中创建一个圆柱体曲面模型，如图6-3所示。

图6-2

图6-1

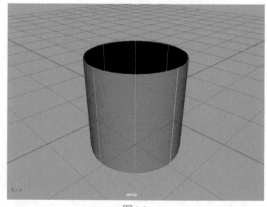

图6-3

02 在"通道盒/层编辑器"面板中，设置圆柱体的参数值如图6-4所示。设置完成后，圆柱体模型的视图显示结果如图6-5所示。

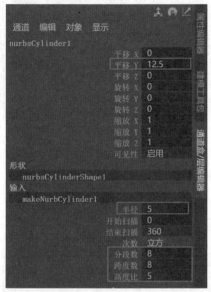

图6-4

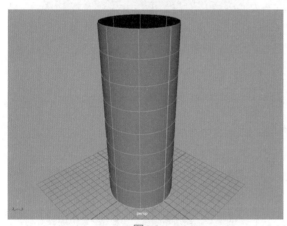

图6-5

03 右击并执行"控制顶点"命令，如图6-6所示。

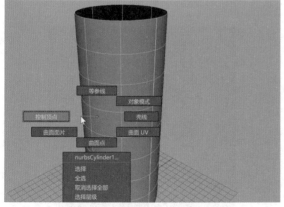

图6-6

04 使用"缩放"工具配合"软选择"功能调整

圆柱体的控制顶点位置，制作出如图6-7所示的模型效果。

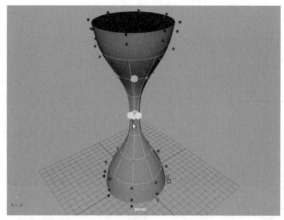

图6-7

05 重复上一个步骤，制作出如图6-8所示的模型效果。

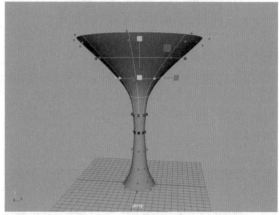

图6-8

06 使用"移动"工具调整控制顶点的位置，制作出龙卷风模型的弯曲效果，如图6-9所示。

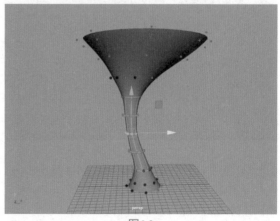

图6-9

07 选择龙卷风模型，在"属性编辑器"面板中，展开"NURBS曲面历史"卷展栏，观察"U向最小最大范围"和"V向最小最大范围"的值,如图6-10所示。

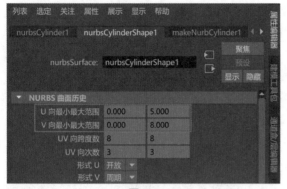

图6-10

08 双击"曲线/曲面"工具架上的"重建曲面"图标,如图6-11所示。

图6-11

09 在自动弹出的"重建曲面选项"面板中,"参数范围"使用默认的"0到1"选项,设置"U向跨度数"和"V向跨度数"的值均为8,如图6-12所示。单击"重建"按钮即可对所选择的龙卷风模型进行重建曲面操作。

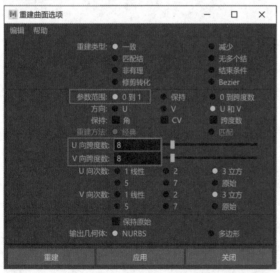

图6-12

10 设置完成后,再次观察"NURBS曲面历史"卷展栏,观察"U向最小最大范围"和"V向最小最大范围"的值,如图6-13所示。

11 制作完成后的龙卷风曲面模型视图显示结果如图6-14所示。

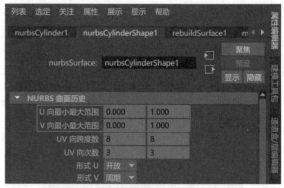

图6-13

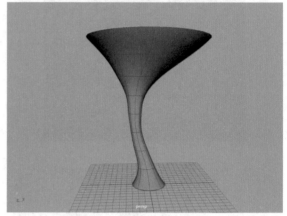

图6-14

6.2.2 使用粒子系统制作气流运动动画

01 单击FX工具架上的"发射器"图标,如图6-15所示。在场景中创建一套粒子系统。

图6-15

02 观察"大纲视图"面板,创建出来的粒子系统如图6-16所示。

图6-16

03 在"大纲视图"面板中，先选择粒子对象，再加选龙卷风模型，如图6-17所示。

图6-17

04 执行菜单栏中的nParticle |"目标"命令，如图6-18所示。

图6-18

05 选择粒子对象，在"着色"卷展栏中，设置"点大小"的值为6，如图6-19所示。

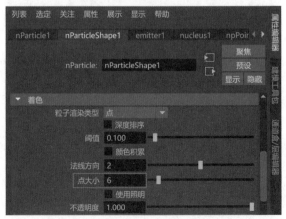

图6-19

06 设置完成后，播放场景动画，粒子动画效果如图6-20所示。

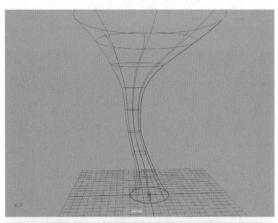

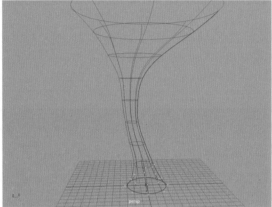

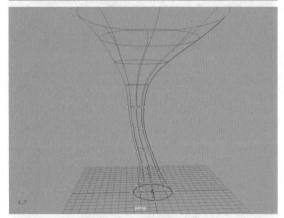

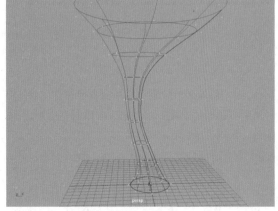

图6-20

07 在"添加动态属性"卷展栏中,单击"常规"按钮,如图6-21所示。

图6-21

08 在系统自动弹出的"添加属性"对话框中,选择goalU和goalV属性,单击"确定"按钮,如图6-22所示。

图6-22

09 展开"每粒子（数组）属性"卷展栏,可以看到这里新增加了"目标V"和"目标U"这两个属性,如图6-23所示。

10 在"每粒子（数组）属性"卷展栏中,将光标放置到"目标U"属性上,右击并执行"创建渐变"命令,如图6-24所示。

11 设置完成后,播放场景动画,粒子动画效果如图6-25所示。

12 在"每粒子（数组）属性"卷展栏中,将光标放置到"目标V"属性上,右击并执行"创建表达

式"命令,如图6-26所示。

13 在系统自动弹出的"表达式编辑器"面板中,"粒子"为"创建"选项时,输入以下表达式:

nParticleShape1.goalV=rand(1);

如图6-27所示。

图6-23

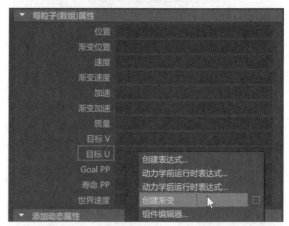

图6-24

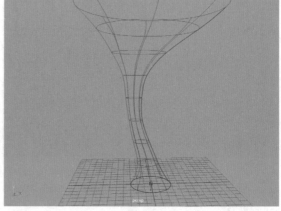

图6-25

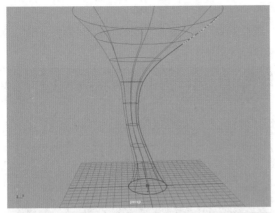

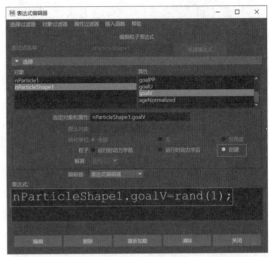

图6-27

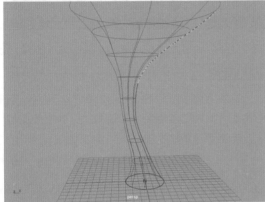

14　"粒子"为"运行时动力学前"选项时，输入以下表达式：

nParticleShape1.goalV+=.025;

如图6-28所示。

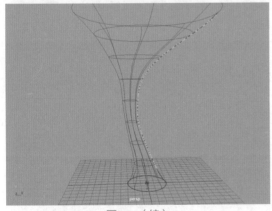

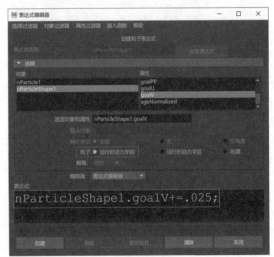

图6-28

15　设置完成后，播放场景动画，粒子动画效果如图6-29所示。

图6-25（续）

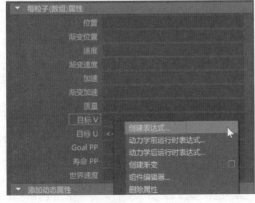

图6-26

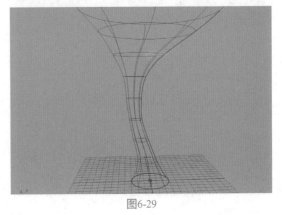

图6-29

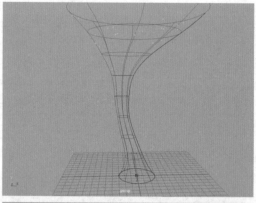

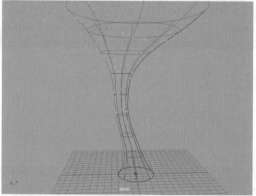

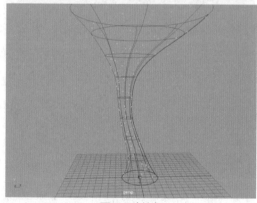

图6-29（续）

16 在"基本发射器属性"卷展栏中，设置"速率（粒子/秒）"的值为400，如图6-30所示。

图6-30

17 在"寿命"卷展栏中，设置"寿命模式"为"随机范围"，"寿命"的值为6，"寿命随机"的值为1，如图6-31所示。

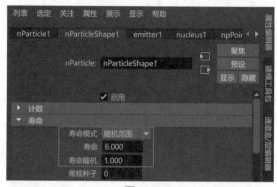

图6-31

◎技巧与提示·◦

在本实例中，"寿命"值还可以影响粒子垂直方向上的运动速度，该值越小，粒子速度越快，读者可以自行尝试。

18 设置完成后，播放场景动画，粒子动画效果如图6-32所示。粒子会从龙卷风模型的上方盘旋向下方移动。

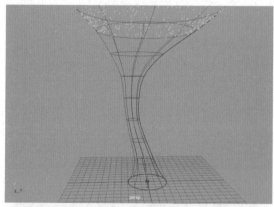

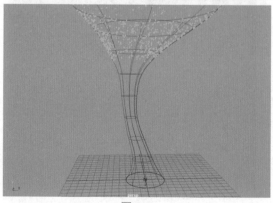

图6-32

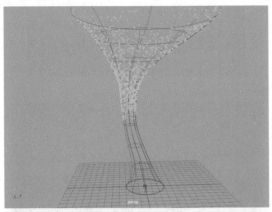

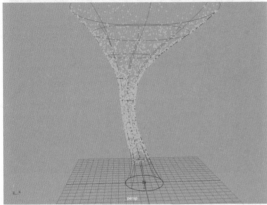

图6-32（续）

19 在"碰撞"卷展栏中，取消勾选"碰撞"和"自碰撞"复选框，如图6-33所示。

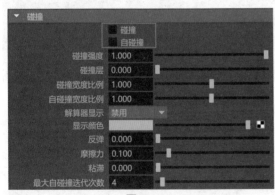

图6-33

20 在"着色"卷展栏中，设置"粒子渲染类型"为"球体"，如图6-34所示。

图6-34

21 设置完成后，播放场景动画，粒子动画效果如图6-35所示。

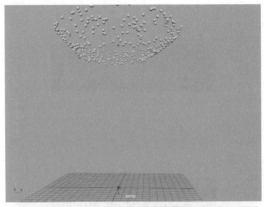

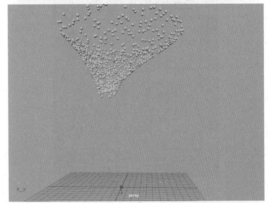

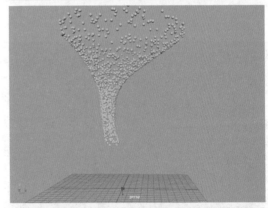

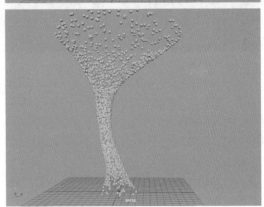

图6-35

6.2.3 使用粒子系统制作地面气流动画

01 单击FX工具架上的"发射器"图标，如图6-36所示。在场景中再次创建一套粒子系统。

图6-36

02 观察"大纲视图"面板，创建出来的粒子系统如图6-37所示，并参考6.2.2节的操作步骤对其进行表达式设置。

图6-37

03 在"基本发射器属性"卷展栏中，设置"速率（粒子/秒）"的值为200，如图6-38所示。

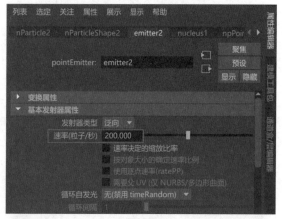

图6-38

04 展开"每粒子（数组）属性"卷展栏，将光标放置到"目标U"属性上，右击并执行"编辑渐变"命令，如图6-39所示。

05 在"渐变属性"卷展栏，更改渐变色至如图6-40所示。

06 在"数组映射器属性"卷展栏中，设置"最大值"的值为0.3，如图6-41所示。用于控制第2个粒子对象向上运动的位置。

图6-39

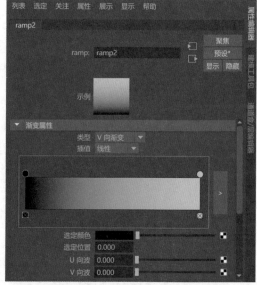

图6-40

图6-41

07 这时，在"大纲视图"面板中选择第1个粒子对象，在"数组映射器属性"卷展栏中，设置"最小值"的值为0.3，如图6-42所示。用于控制第1个粒子对象向下运动的位置。

图6-42

08 设置完成后，播放场景动画，粒子动画效果如图6-43所示，可以看到两个粒子对象分别从上方和下方开始发射，并最终刚好连接到一起模拟龙卷风的运动效果。

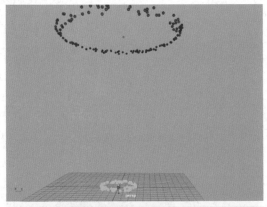

图6-43

6.2.4　使用晶格为龙卷风添加扭动细节

01 选择场景中的龙卷风模型，如图6-44所示。

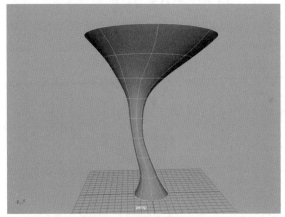

图6-44

02 执行菜单栏中的"变形"|"晶格"命令，如图6-45所示。

图6-45

03 选择如图6-46所示的"晶格点"，在第1帧位置处，单击"动画"工具架上的"设置关键帧"图标，如图6-47所示。

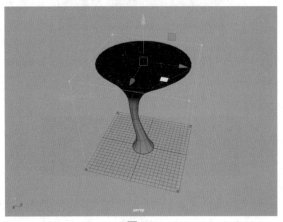

图6-46

图6-47

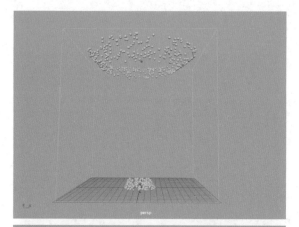

04 在第200帧位置处，移动"晶格点"位置至如图6-48所示，并再次单击"动画"工具架上的"设置关键帧"图标，为其设置关键帧。

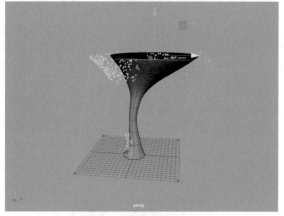

图6-48

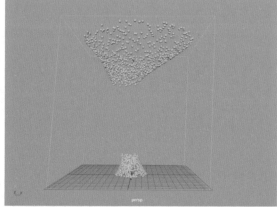

05 在"大纲视图"面板中，选择第一次创建出来的粒子对象，如图6-49所示。

图6-49

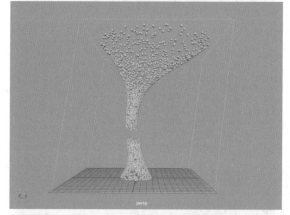

06 单击"FX缓存"工具架上的"将选定的nCloth模拟保存到nCache文件"图标，如图6-50所示。为所选择的粒子创建缓存文件。

图6-50

07 以同样的方法为第二次创建出来的粒子对象也创建缓存文件，创建完成后，隐藏龙卷风模型，粒子动画效果如图6-51所示。

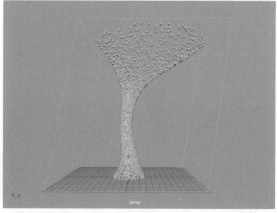

图6-51

6.2.5 使用流体系统模拟龙卷风特效

01 单击FX工具架上的"具有发射器的3D流体容器"图标,如图6-52所示。在场景中创建一个流体容器,如图6-53所示。

图6-52

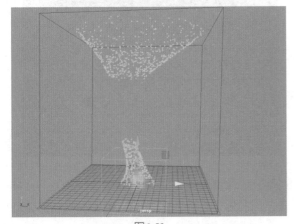

图6-53

02 在"大纲视图"面板中选择流体发射器对象,如图6-54所示,将其删除。

图6-54

03 在"大纲视图"面板中选择流体容器和粒子对象,如图6-55所示。

04 单击FX工具架上的"从对象发射流体"图标,如图6-56所示。设置完成后,观察"大纲视图"面板,可以看到粒子对象的下方多了一个流体发射器对象,如图6-57所示。

图6-55

图6-56

图6-57

05 选择流体容器,展开"容器特性"卷展栏,设置"基本分辨率"的值为80,"边界X"为"无","边界Y"为"无","边界Z"为"无",如图6-58所示。

06 在"显示"卷展栏中,设置"边界绘制"为"边界框",如图6-59所示。

07 在"自动调整大小"卷展栏中,勾选"自动调整大小"复选框,设置"最大分辨率"的值为300,如图6-60所示。

08 在"密度"卷展栏中,设置"密度比例"的值为1,"浮力"的值为0,"消散"的值为3,"渐变力"的值为45,如图6-61所示。

图6-58

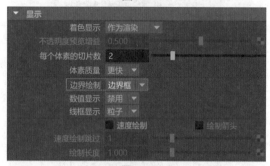

图6-59

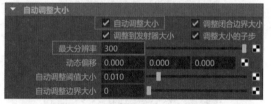

图6-60

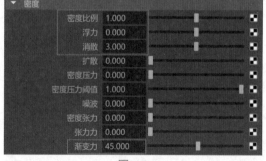

图6-61

09 在"速度"卷展栏中,设置"漩涡"的值为8, "噪波"的值为0.3,如图6-62所示。

图6-62

10 在"湍流"卷展栏中,设置"强度"的值为0.5, "频率"的值为0.5,"速度"的值为0.5,如图6-63所示。

图6-63

11 在"动力学模拟"卷展栏中,设置"阻尼"的值为0.03,"高细节解算"为"所有栅格","子步"的值为2,"解算器质量"的值为120,如图6-64所示。

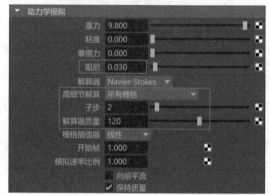

图6-64

12 在"基本发射器属性"卷展栏中,设置"发射器类型"为"泛向","速率(百分比)"的值为100,如图6-65所示。

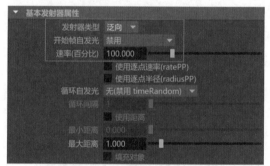

图6-65

13 在"流体属性"卷展栏中,设置"热量方法"为"无自发光","燃料方法"为"无自发光",勾选"运动条纹"复选框,如图6-66所示。

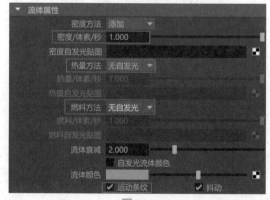

图6-66

14 单击"FX缓存"工具架上的"创建缓存"图标,如图6-67所示。

图6-67

15 缓存创建完成后,播放场景动画,模拟出来的龙卷风效果如图6-68所示。

16 在场景中再次创建一个流体容器,并使用同样的操作步骤对其进行设置,模拟出龙卷风地面的部分,模拟效果如图6-69所示。

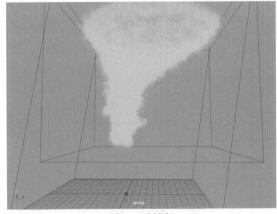

图6-68(续)

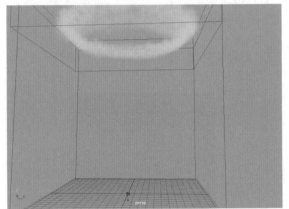

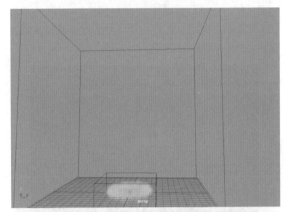

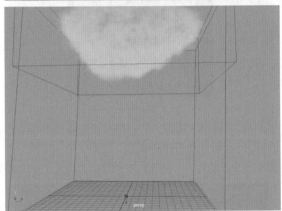

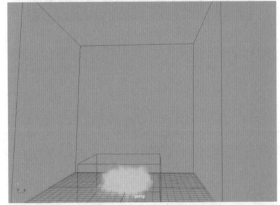

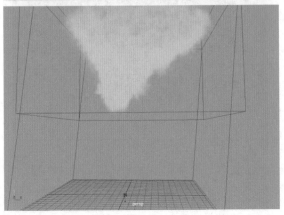

图6-68

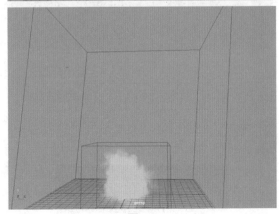

图6-69

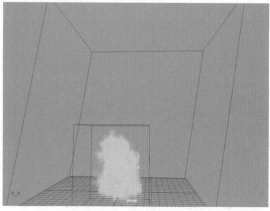

图6-69（续）

17 在"照明"卷展栏中，勾选"自阴影"复选框，如图6-70所示。这样，视图中的显示结果会显得更加立体，如图6-71所示。

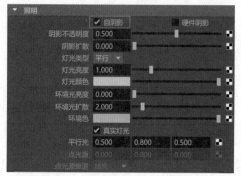

图6-70

图6-71

6.2.6 使用体积曲线提升龙卷风细节

01 单击"曲线/曲面"工具架上的"EP曲线工具"图标，如图6-72所示。

图6-72

02 在"前视图"中绘制出一条曲线，如图6-73所示。

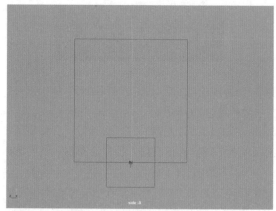

图6-73

03 执行菜单栏中的"场/解算器"|"体积曲线"命令，如图6-74所示。

图6-74

04 在"体积轴场属性"卷展栏中，设置"幅值"的值为5。在"体积控制属性"卷展栏中，设置"截面半径"的值为20，如图6-75所示。

图6-75

05 在"体积速率属性"卷展栏中，设置"沿轴"的值为0，"绕轴"的值为-2，如图6-76所示。

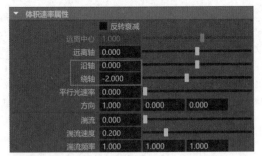

图6-76

06 在"曲线半径"卷展栏中，调整曲线半径至如图6-77所示。

图6-77

07 选择场景中的流体容器，在"通道盒/层编辑器"面板中，设置"平移Y"的值为20，如图6-78所示。

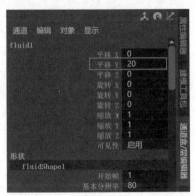

图6-78

08 设置完成后，在场景中选择流体容器和体积曲线场，如图6-79所示。

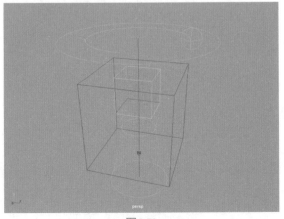

图6-79

09 执行菜单栏中的"场/解算器"|"指定给选定对象"命令，如图6-80所示。

图6-80

10 设置完成后，再次对流体容器进行缓存操作，模拟出来的龙卷风效果如图6-81所示。

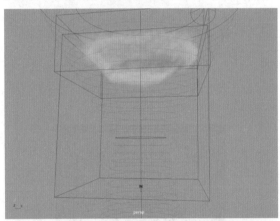

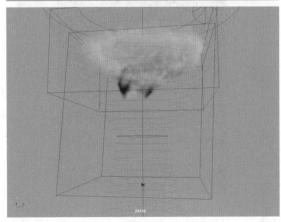

图6-81

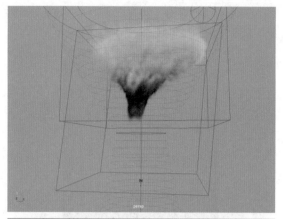

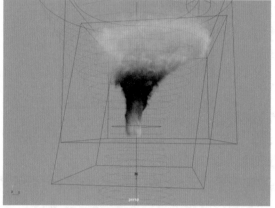

图6-81（续）

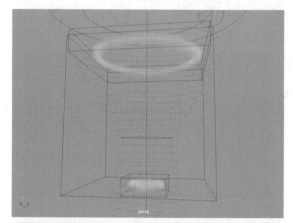

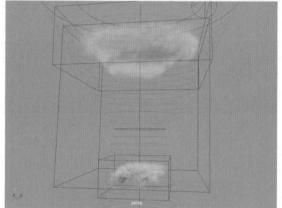

11 在"大纲视图"面板中，选择第2个流体容器和曲线体积场，如图6-82所示。执行菜单栏中的"场/解算器"|"指定给选定对象"命令。

图6-82

12 选择第2个流体容器，单击"FX缓存"工具架上的"创建缓存"图标，重新创建缓存文件，本实例所模拟出来的最终效果如图6-83所示。

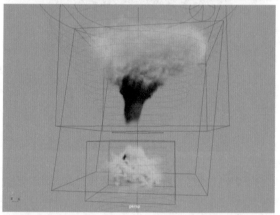

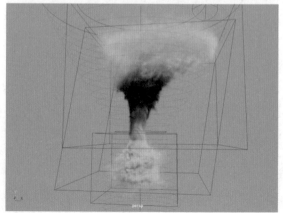

图6-83

6.2.7 渲染设置

01 单击"多边形建模"工具架上的"多边形平面"图标，如图6-84所示。在场景中创建一个平面模型用来制作地面。

图6-84

02 在"通道盒/层编辑器"面板中，设置"宽度"和"高度"的值均为800，如图6-85所示。

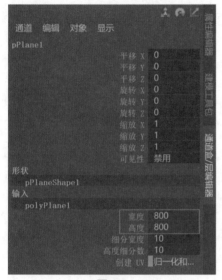

图6-85

03 设置完成后，平面模型在视图中的显示结果如图6-86所示。

图6-86

04 单击Arnold工具架上的Create Physical Sky（创建物理天空）图标，为场景添加物理天空灯光，如图6-87所示。

05 在"属性编辑器"面板中展开Physical Sky

Attributes（物理天空属性）卷展栏，设置物理天空灯光的Elevation（海拔）的值为25，Azimuth（方位角）的值为90，Intensity（强度）的值为6，Sun Size（太阳尺寸）的值为3，如图6-88所示。

图6-87

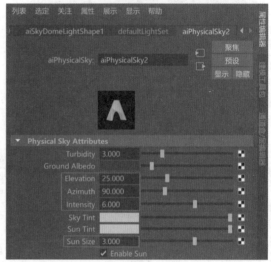

图6-88

06 单击"渲染"工具架上的"创建摄影机"图标，如图6-89所示。

图6-89

07 在"通道盒/层编辑器"面板中调整摄影机的参数如图6-90所示，并为其设置关键帧以固定摄影机的位置。

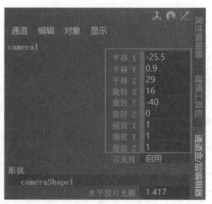

图6-90

08 执行菜单栏中的"面板"|"透视"|camera1

命令，如图6-91所示，将视图切换至"摄影机1"
视图。

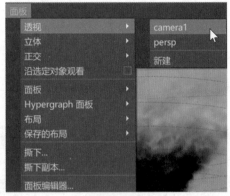

图6-91

09 渲染场景，本实例的最终渲染结果如图6-92
所示。

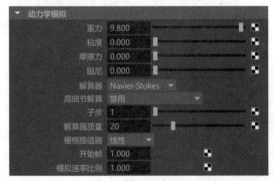

图6-92

6.3 技术专题

6.3.1 "动力学模拟"卷展栏参数解析

"动力学模拟"卷展栏中的参数主要控制动力学
模拟的细节及速率比例，如图6-93所示。

图6-93

参数解析

● 重力：用来模拟流体所受到的地球引力。
● 粘度：表示流体流动的阻力，或材质的厚度
及非液态程度。该值很高时，流体像焦油一
样流动。该值很小时，流体像水一样流动。
● 摩擦力：设置流体的摩擦力大小。
● 解算器：Maya所提供的解算器有"无"、
Navier-Stokes和"弹簧网格"3种。使用
Navier-Stokes解算器适合用来模拟烟雾流体
动画，使用"弹簧网格"则适合用来模拟水
面波浪动画。
● 高细节解算：此选项可减少模拟期间密度、
速度和其他属性的扩散。例如，在不增加
分辨率的情况下可以使流体模拟看起来更详
细，并允许模拟翻滚的漩涡。"高细节解
算"非常适合用于创建爆炸、翻滚的云和巨
浪似的烟雾等效果。
● 子步：指定解算器在每帧执行计算的次数。
● 解算器质量：提高"解算器质量"会增加解算
器计算流体的不可压缩性所使用的步骤数。
● 栅格插值器：选择要使用哪种插值算法来获
取栅格内点的检索值。
● 开始帧：设定在哪个帧之后开始流体模拟。
● 模拟速率比例：提高流体的动画速度。

6.3.2 "自动调整大小"卷展栏参数解析

"自动调整大小"卷展栏中的参数主要用于控制
流体的边界框大小，如图6-94所示。

图6-94

参数解析

● 自动调整大小：勾选该复选框后流体容器会
动态调整自身大小，如图6-95所示为开启该
选项前后的流体动画计算效果对比。
● 调整闭合边界大小：如果勾选该复选框，
流体容器将沿其各自"边界"属性设定为
"无""两侧"的轴调整大小。

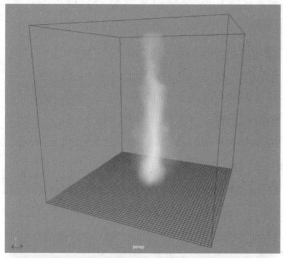

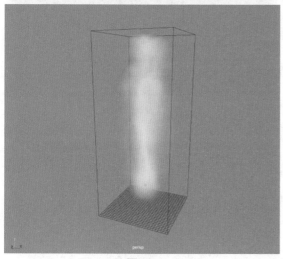

图6-95

- 调整到发射器大小：如果勾选该复选框，流体容器使用流体发射器的位置在场景中设定其偏移和分辨率。
- 调整大小的子步：如果勾选该复选框，已自动调整大小的流体容器会调整每个子步的大小。
- 最大分辨率：流体容器调整大小的每侧平均最大分辨率。
- 动态偏移：计算流体的局部空间转换。
- 自动调整阈值大小：设定自动调整流体容器的密度阈值。
- 自动调整边界大小：设定自动调整流体容器边界的值。

6.4　本章小结

　　本章主要讲解了在Maya软件中模拟龙卷风形成的特效动画制作方法，通过学习本章内容，读者可以熟练掌握如何将粒子系统与流体系统搭配使用来制作效果更加复杂的特效动画。

第 7 章

爆炸烟雾特效技术

7.1　效果展示

　　本章主要讲解如何使用Maya的粒子系统和流体系统来制作爆炸时产生的烟雾动画特效，该实例主要由两个部分组成，一是爆炸所产生的燃烧及浓烟效果，二是地面上被气浪冲起的烟尘效果。这两个部分在制作时既有相同之处，也有不同的地方，需要读者反复学习，细细比对。本实例的最终渲染完成结果如图7-1所示。

图7-1

图7-1（续）

7.2　制作流程

7.2.1　使用粒子系统制作爆炸动画

 启动中文版Maya 2022软件，单击FX工具架上的"发射器"图标，如图7-2所示。在场景中创建一套粒子系统。

图7-2

02 在"大纲视图"面板中，可以看到粒子系统由1个发射器对象、1个粒子对象和1个动力学对象构成，如图7-3所示。

图7-3

03 选择发射器对象，在"属性编辑器"面板中，展开"基本发射器属性"卷展栏，设置"发射器类型"为"体积"，设置"速率（粒子/秒）"的值为200，并在第1帧位置处为其设置关键帧，如图7-4所示。

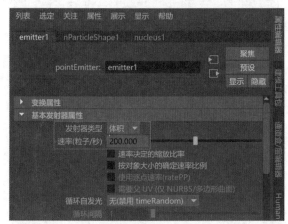

图7-4

04 在第8帧位置处，设置"速率（粒子/秒）"的值为0，并为其再次设置关键帧，如图7-5所示。

05 在"体积发射器属性"卷展栏中，设置"体积形状"为"球体"，如图7-6所示。

06 展开"动力学特性"卷展栏，勾选"忽略解算器重力"复选框，如图7-7所示。

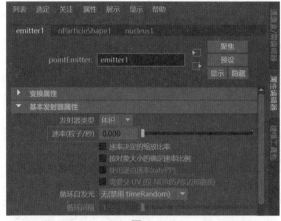

图7-5

图7-6

图7-7

07 设置完成后，播放场景动画，粒子的运动效果如图7-8所示。

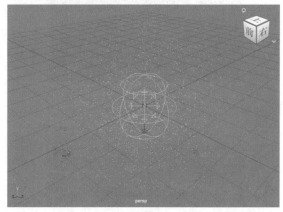

图7-8

08 在"体积速率属性"卷展栏中，设置"远离中心"的值为30，"沿轴"的值为3，"随机方向"的值为1，如图7-9所示。

图7-9

09 在"寿命"卷展栏中，设置"寿命模式"为"随机范围"，"寿命"的值为0.35，"寿命随机"的值为0.25，如图7-10所示。

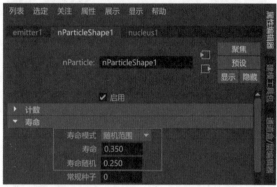

图7-10

10 选择粒子发射器对象，在"通道盒/层编辑器"面板中，设置"平移Y"的值为1，"缩放Y"的值为0.7，如图7-11所示。

图7-11

11 单击"FX缓存"工具架上的"将选定的nCloth模拟保存到nCache文件"图标，如图7-12所示。

图7-12

12 设置完成后，播放场景动画，使用粒子系统所模拟的爆炸效果如图7-13所示。

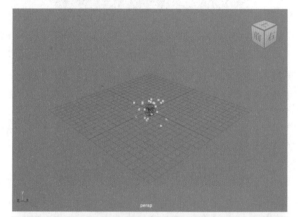
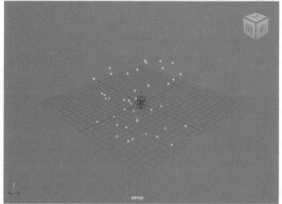
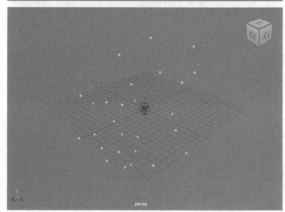

图7-13

图7-13（续）

7.2.2 使用流体系统模拟爆炸烟雾效果

01 单击FX工具架上的"具有发射器的3D流体容器"图标，如图7-14所示。

图7-14

02 在"大纲视图"面板中选择流体发射器对象，如图7-15所示，将其删除。

图7-15

03 在"大纲视图"面板中选择流体容器和粒子对象，如图7-16所示。

04 单击FX工具架上的"从对象发射流体"图标，如图7-17所示。设置完成后，观察"大纲视图"面板，可以看到粒子对象的下方多了一个流体发射器对象，如图7-18所示。

05 选择流体容器，在"通道盒/层编辑器"面板中设置"平移Y"的值为5，如图7-19所示。

图7-16

图7-17

图7-18

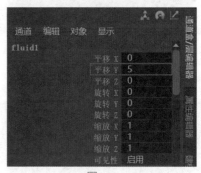

图7-19

06 在"容器特性"卷展栏中，设置"基本分辨率"的值为80，"边界X"为"无"，"边界Y"为"-Y侧"，"边界Z"为"无"，如图7-20所示。

07 展开"内容方法"卷展栏，设置"温度"为"动态栅格"，如图7-21所示。

08 展开"自动调整大小"卷展栏，勾选"自动调整大小"复选框，设置"最大分辨率"的值为400，

"自动调整边界大小"的值为12，并在第1帧位置处为该属性设置关键帧，如图7-22所示。

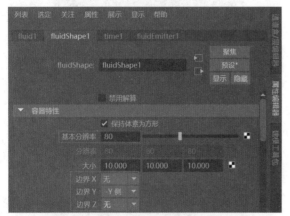

图7-20

图7-21

图7-22

09 在第35帧位置处，设置"自动调整边界大小"的值为3，并再次设置关键帧，如图7-23所示。

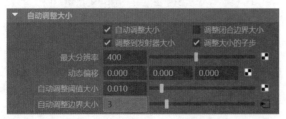

图7-23

10 选择流体发射器对象，在"基本发射器属性"卷展栏中，设置"发射器类型"为"泛向"，"速率（百分比）"的值为450，如图7-24所示。

11 在"流体属性"卷展栏中，设置"密度/体素/秒"的值为3，"热量/体素/秒"的值为3，"燃料方

法"为"无自发光"，"流体衰减"的值为0，勾选"运动条纹"复选框，如图7-25所示。

图7-24

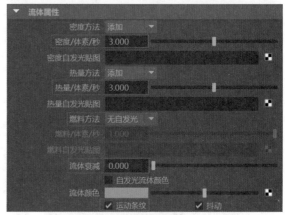

图7-25

12 设置完成后，单击"FX缓存"工具架上的"创建缓存"图标，如图7-26所示。

图7-26

13 缓存创建完成后，播放场景动画，流体容器所模拟出来的烟雾效果如图7-27所示。

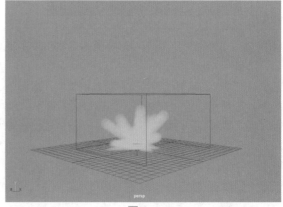

图7-27

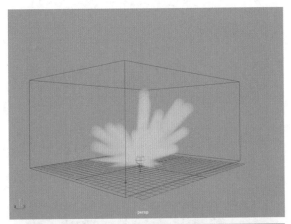

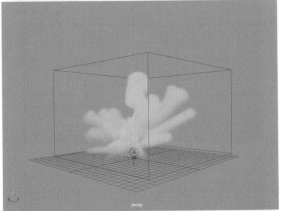

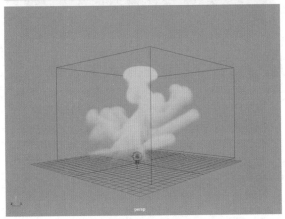

图7-27（续）

示。这时又会弹出"创建缓存警告"对话框，单击"替换现有文件"按钮即可，如图7-31所示。

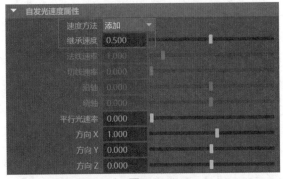

图7-28

图7-29

图7-30

图7-31

14 在"自发光速度属性"卷展栏中，设置"速度方法"为"添加"，"继承速度"的值为0.5，如图7-28所示。

15 在"流体自发光湍流"卷展栏中，设置"湍流类型"为"渐变"，"湍流"的值为10，"湍流速度"的值为1，"湍流频率"的值为（0.3,0.6,0.3），"细节湍流"的值为1，如图7-29所示。

16 设置完成后，再次单击"FX缓存"工具架上的"创建缓存"图标，这时系统会自动弹出"添加还是替换缓存"对话框，单击"替换"按钮，如图7-30所

17 播放场景动画，流体容器所模拟出来的烟雾效果如图7-32所示。

图7-32

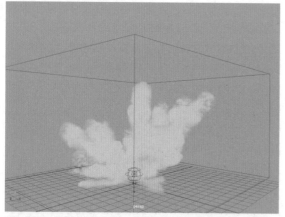

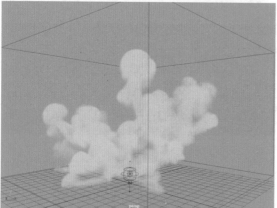

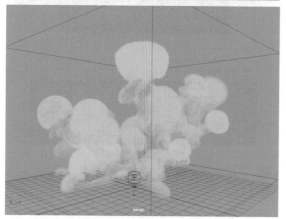

图7-32（续）

7.2.3 制作爆炸烟雾细节

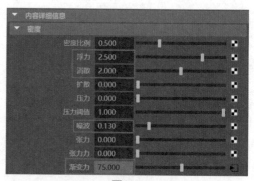

图7-33

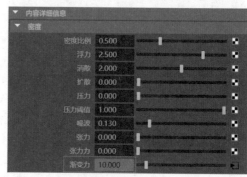

图7-34

图7-35

04 在"湍流"卷展栏中，设置"强度"的值为1，如图7-36所示。

图7-36

05 在"温度"卷展栏中，设置"浮力"的值为100，"消散"的值为1，"扩散"的值为0.45，"湍流"的值为8，"噪波"的值为0.5，如图7-37所示。

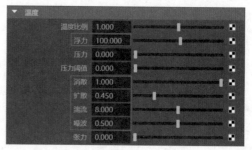

图7-37

01 选择流体容器对象，在"密度"卷展栏中，设置"浮力"的值为2.5，"消散"的值为2，"噪波"的值为0.13，"渐变力"的值为75，并在第1帧位置处为"渐变力"属性设置关键帧，如图7-33所示。

02 在第60帧位置处，设置"渐变力"的值为10，并为其设置关键帧，如图7-34所示。

03 在"速度"卷展栏中，设置"旋涡"的值为8，如图7-35所示。

06 设置完成后，创建缓存文件，再次播放场景动画，流体容器所模拟出来的烟雾效果如图7-38所示。

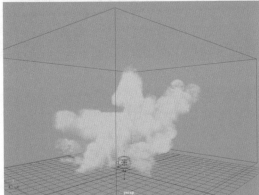

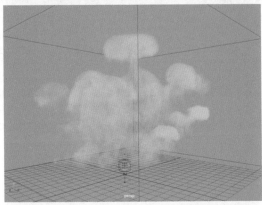

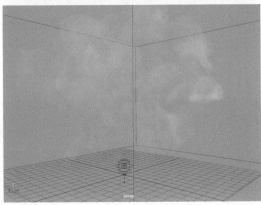

图7-38

07 在"动力学模拟"卷展栏中，设置"阻尼"的值为0.02，"高细节解算"为"所有栅格"，"子步"的值为5，"解算器质量"的值为60，"模拟速率比例"的值为2.5。在第1帧位置处，为"子步"和"模拟速率比例"属性设置关键帧，如图7-39所示。

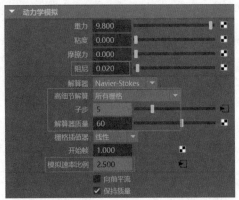

图7-39

08 在第25帧位置处，设置"模拟速率比例"的值为0.25，并设置关键帧，如图7-40所示。

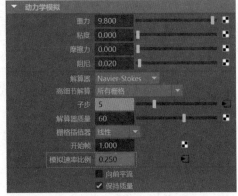

图7-40

09 在第35帧位置处，设置"子步"的值为2，并设置关键帧，如图7-41所示。

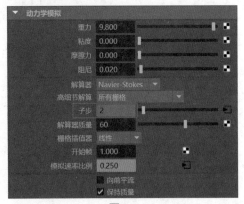

图7-41

10 设置完成后，创建缓存文件，再次播放场景动画，流体容器所模拟出来的烟雾效果如图7-42所示。

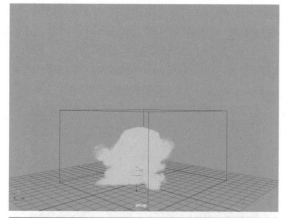

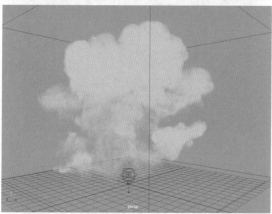

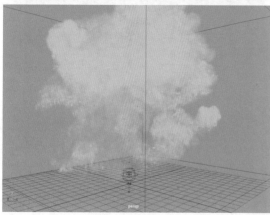

图7-42

7.2.4 制作爆炸烟雾颜色

①▶ 在"着色"卷展栏中，设置"透明度"颜色为深灰色，如图7-43所示。设置完成后，烟雾的视图显示效果如图7-44所示。

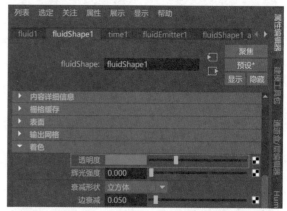

图7-43

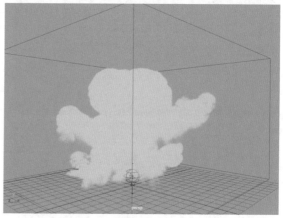

图7-44

②▶ 在"颜色"卷展栏中，设置"选定颜色"为深棕色，如图7-45所示。"选定颜色"的参数设置如图7-46所示。

③▶ 设置完成后，烟雾的视图显示效果如图7-47所示。

④▶ 在"白炽度"卷展栏中，设置由4种颜色来控制该属性，设置"输入偏移"的值为0.1，如图7-48所示。这4种颜色的"选定位置"值分别如图7-49~图7-52所示。

图7-45

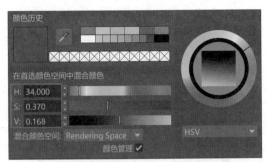

图7-46

图7-47

图7-48

图7-49

图7-50

图7-51

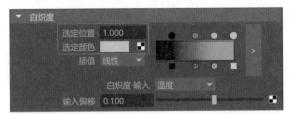

图7-52

05 设置完成后，烟雾的视图显示效果如图7-53所示。

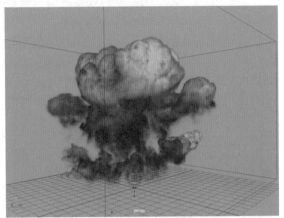

图7-53

06 在"不透明度"卷展栏中，设置"不透明度"的曲线至如图7-54所示。

图7-54

07 设置完成后，观察流体烟雾的视图显示效果如图7-55所示。

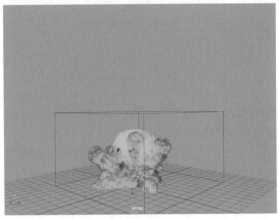

图7-55

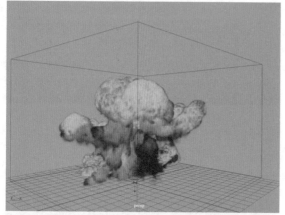

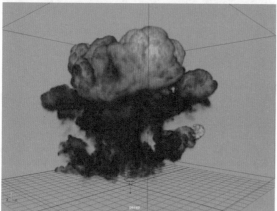

图7-55（续）

7.2.5 使用粒子系统制作烟尘动画

①　在"大纲视图"面板中，将场景中的所有对象隐藏起来，如图7-56所示。

②　单击FX工具架上的"发射器"图标，如图7-57所示。在场景中另外创建一套粒子系统，如图7-58所示。

③　选择刚创建的粒子发射器对象，在"基本发射器属性"卷展栏中，设置"发射器类型"为"体积"，"速率（粒子/秒）"的值为1000，并在第1帧

位置处为其设置关键帧，如图7-59所示。

图7-56

图7-57

图7-58

图7-59

④　在第8帧位置处，将"速率（粒子/秒）"值更改为0，并再次设置关键帧，如图7-60所示。

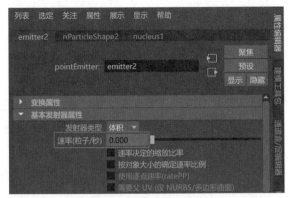

图7-60

05 在"体积发射器属性"卷展栏中，设置"体积形状"为"圆柱体"，"体积扫描"的值为180，如图7-61所示。

图7-61

06 在"体积速率属性"卷展栏中，设置"远离轴"的值为60，如图7-62所示。

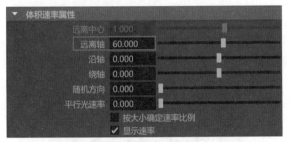

图7-62

07 在"通道盒/层编辑器"面板中，设置"平移Y"的值为0.5，"缩放Y"的值为0.2，如图7-63所示。

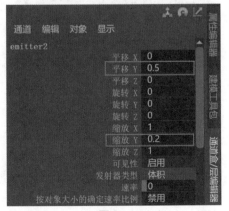

图7-63

08 设置完成后，粒子发射器的视图显示结果如图7-64所示。

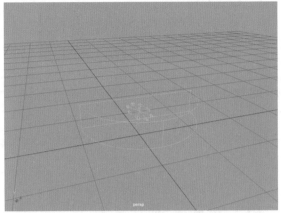

图7-64

09 播放场景动画，粒子的动画效果如图7-65所示。

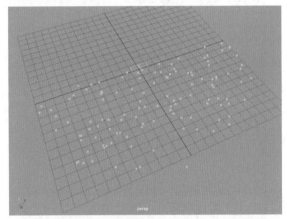

图7-65

10 展开"寿命"卷展栏，设置"寿命模式"为"随机范围"，"寿命"的值为0.35，"寿命随机"的值为0.25，如图7-66所示。

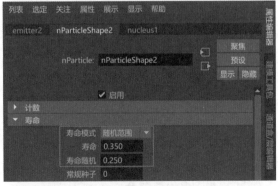

图7-66

11 设置完成后，选择后创建出来的粒子对象，单击"FX缓存"工具架上的"将选定的nCloth模拟保存到nCache文件"图标，如图7-67所示。

12 播放场景动画，使用粒子系统所模拟的烟尘动画效果如图7-68所示。

图7-67

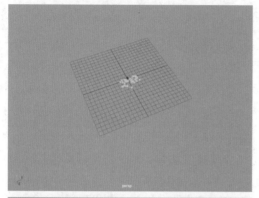

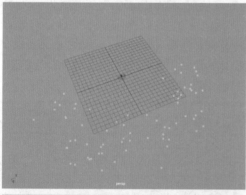

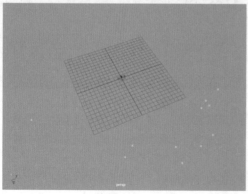

图7-68

7.2.6　使用流体系统模拟烟尘冲击效果

01　单击FX工具架上的"具有发射器的3D流体容器"图标，如图7-69所示。在场景中创建一个3D流体容器，如图7-70所示。

图7-69

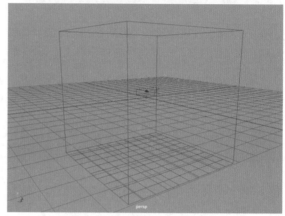

图7-70

02　将流体容器的流体发射器删除，选择流体容器，再加选后创建出来的粒子对象，如图7-71所示。

图7-71

03　单击FX工具架上的"从对象发射流体"图标，如图7-72所示。设置完成后，观察"大纲视图"面板，可以看到粒子对象的下方多了一个流体发射器对象，如图7-73所示。

04　选择流体容器，在"通道盒/层编辑器"面板中，设置"平移Y"的值为5，如图7-74所示。

图7-72

图7-73

图7-74

05 在"容器特性"卷展栏中,设置"基本分辨率"的值为80,"边界X"为"无","边界Y"为"-Y侧","边界Z"为"-Z侧",如图7-75所示。

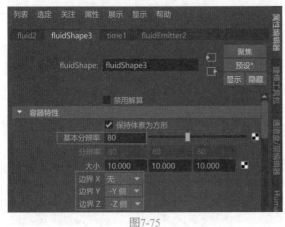

图7-75

06 在"基本发射器属性"卷展栏中,设置"发射器类型"为"泛向","速率(百分比)"的值为

250,"最大距离"的值为0.5,如图7-76所示。

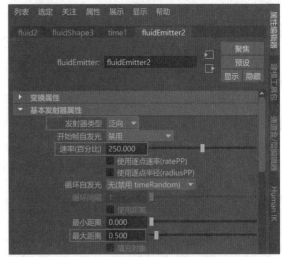

图7-76

07 在"流体属性"卷展栏中,设置"密度/体素/秒"的值为3,"热量方法"为"无自发光","燃料方法"为"无自发光","流体衰减"的值为0,勾选"运动条纹"复选框,如图7-77所示。

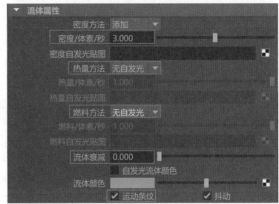

图7-77

08 在"流体自发光湍流"卷展栏中,设置"湍流"的值为15,"湍流速度"的值为0.6,"湍流频率"的值为(0.3,0.3,0.3),"细节湍流"的值为1,如图7-78所示。

图7-78

09 在"自发光速度属性"卷展栏中,设置"速度方法"为"替换","继承速度"的值为0.25,如图7-79所示。

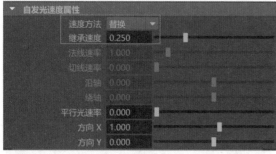

图7-79

10 在"显示"卷展栏中，设置"边界绘制"为"边界框"，如图7-80所示。

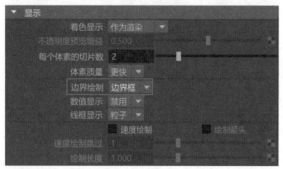

图7-80

11 在"动力学模拟"卷展栏中，设置"阻尼"的值为0.02，"高细节解算"为"所有栅格"，"子步"的值为3，"解算器质量"的值为45，勾选"发射的子步"复选框，如图7-81所示。

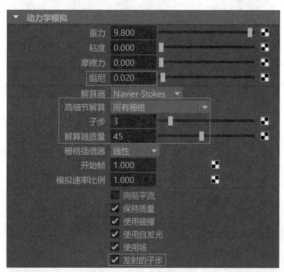

图7-81

12 在"自动调整大小"卷展栏中，勾选"自动调整大小"复选框，取消勾选"调整闭合边界大小"和"调整到发射器大小"复选框，设置"自动调整边界大小"的值为4，如图7-82所示。

13 设置完成后，播放场景动画，流体模拟出来的

烟尘效果如图7-83所示。

图7-82

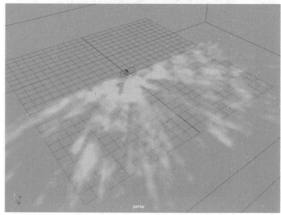

图7-83

7.2.7 制作烟尘效果细节

01 在"密度"卷展栏中，设置"浮力"的值为-3，"消散"的值为0.5，"噪波"的值为0.05，"渐变力"的值为25，如图7-84所示。

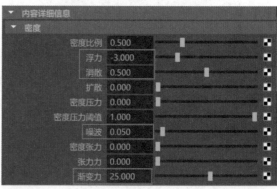

图7-84

02 在"速度"卷展栏中，设置"旋涡"的值为5，如图7-85所示。

图7-85

03 在"湍流"卷展栏中，设置"强度"的值为

15，并在第1帧位置处为其设置关键帧，"频率"的值为0.1，如图7-86所示。

图7-86

04 在第15帧位置处，设置"强度"的值为0.1，并再次为其设置关键帧，如图7-87所示。

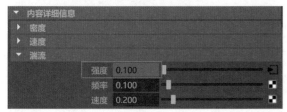

图7-87

05 设置完成后，为流体容器创建缓存文件。播放场景动画，烟尘的动画模拟效果如图7-88所示。

06 在"颜色"卷展栏中，设置"选定颜色"为棕色，如图7-89所示。其中，"选定颜色"的参数设置如图7-90所示。

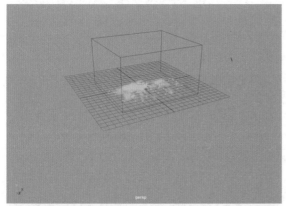

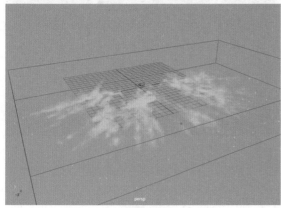

图7-88

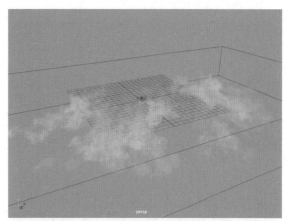

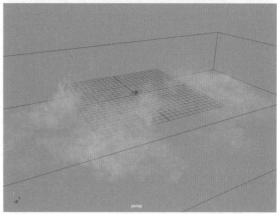

图7-88（续）

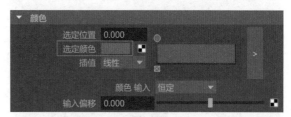

图7-89

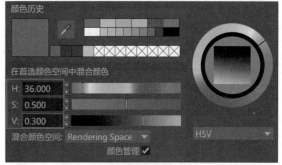

图7-90

07 设置完成后，场景中的烟尘显示效果如图7-91所示。

08 将场景中之前所隐藏的对象都显示出来，观看场景动画，本实例制作出来的爆炸烟雾和地面上的烟尘结合在一起的显示效果如图7-92所示。

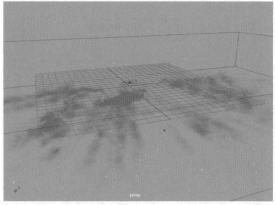

图7-91

图7-92（续）

7.2.8　渲染设置

01 单击Arnold工具架上的Create Physical Sky（创建物理天空）图标，为场景添加物理天空灯光，如图7-93所示。

图7-93

02 在"属性编辑器"面板中展开Physical Sky Attributes（物理天空属性）卷展栏，设置物理天空灯光的Elevation（海拔）的值为25，Azimuth（方位角）的值为120，Intensity（强度）的值为5，Sun Size（太阳尺寸）的值为3，如图7-94所示。

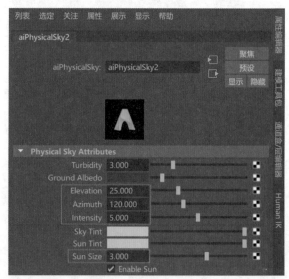

图7-94

03 选择一个合适的仰视角度，渲染场景，渲染结果如图7-95所示。

04 在Display（显示）选项卡中，设置Gamma的值为2，如图7-96所示。

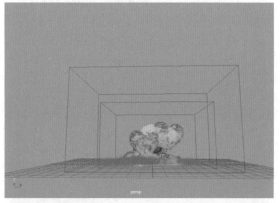

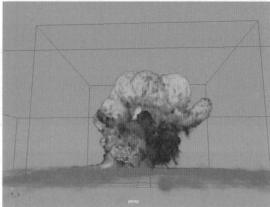

图7-92

图7-95

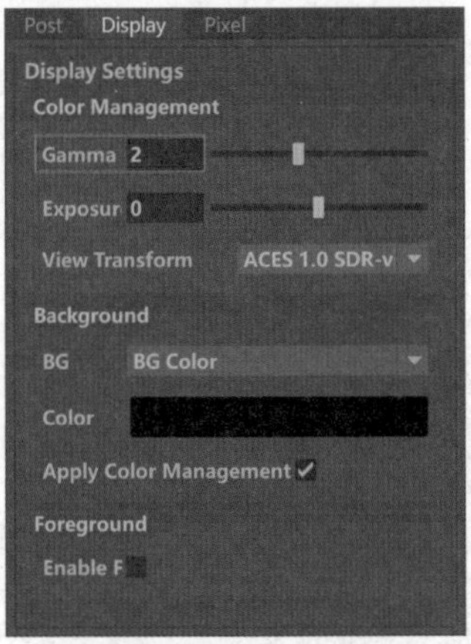

图7-96

05 本实例的最终渲染效果如图7-97所示。

图7-97

7.3 技术专题

7.3.1 提高粒子速率值测试

在制作爆炸烟雾模拟时，提高粒子的"速率（粒子/秒）"值可以得到更多、更复杂的烟雾模拟效果，

步骤操作如下。

01 在制作完成本实例后，选择场景中的粒子发射器，如图7-98所示。

图7-98

02 在"基本发射器属性"卷展栏中，将光标放置于"速率（粒子/秒）"上方，右击并执行emitter1_rate.output命令，如图7-99所示。

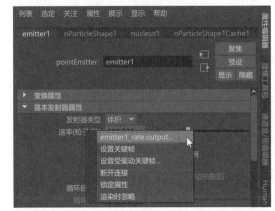

图7-99

03 在"动画曲线属性"卷展栏中，设置第1帧的"明度值"的值为350，如图7-100所示。

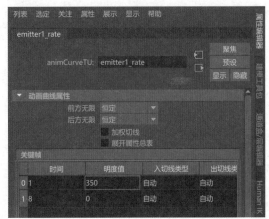

图7-100

04 设置完成后，选择"大纲视图"面板中的粒子对象，如图7-101所示。

图7-101

05 先单击"FX缓存"工具架上的"删除选定nCloth网格、nHair或nParticle上的缓存"图标，如图7-102所示。

图7-102

◎技巧与提示·◦

在中文版Maya 2022中，为粒子系统创建新的缓存文件之前，务必先将其原来的缓存文件删除，否则不会创建出新的缓存文件。这一点与流体系统不一样。流体系统可以在无须删除缓存文件的状态下重新创建新的缓存文件。

06 再次单击"FX缓存"工具架上的"将选定的nCloth模拟保存到nCache文件"图标，重新创建粒子缓存文件，如图7-103所示。

图7-103

07 创建完成后，粒子动画效果如图7-104所示。

08 选择"大纲视图"面板中的流体容器，如图7-105所示。

09 单击"FX缓存"工具架上的"创建缓存"图

标，重新为其创建流体缓存文件。创建完成后，爆炸烟雾模拟效果如图7-106所示。

10 经过测试，可以看到提高了粒子的"速率（粒子/秒）"值对于爆炸烟雾模拟的效果影响。如图7-107所示为该值调整前后的烟雾效果对比。

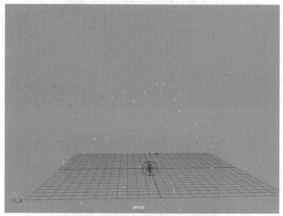

图7-104

图7-105

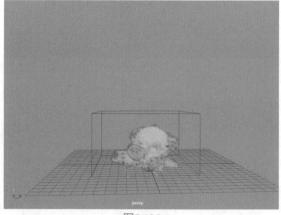

图7-106

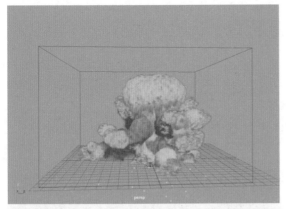

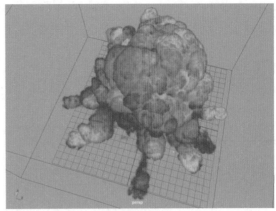

图7-107（续）

7.3.2 高质量模拟效果测试

影响流体模拟质量的最主要参数是"基本分辨率"。"基本分辨率"值越高，模拟出来的烟雾细节越多，当时耗时也会成倍增加。测试步骤操作如下。

01 在"大纲视图"面板中选择流体容器，如图7-108所示。

图7-108

02 在"容器特性"卷展栏中，设置"基本分辨率"的值为120，如图7-109所示。

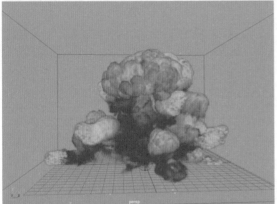

图7-109

图7-106（续）

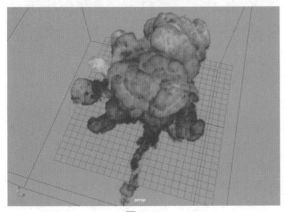

图7-107

111

03 单击"FX缓存"工具架上的"创建缓存"图标，重新为其创建流体缓存文件。创建完成后，爆炸烟雾模拟效果如图7-110所示。

04 经过测试，可以看到提高了流体容器的"基本分辨率"值对于爆炸烟雾模拟的效果影响。如图7-111所示为该值调整前后的烟雾效果对比。

图7-110（续）

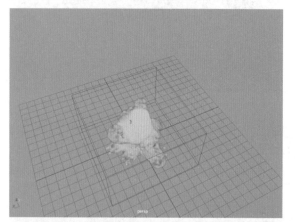

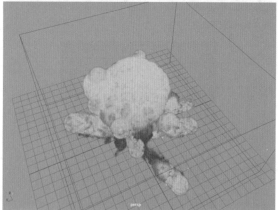

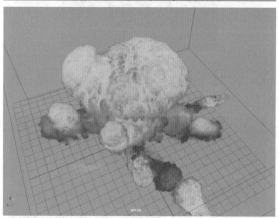

图7-110

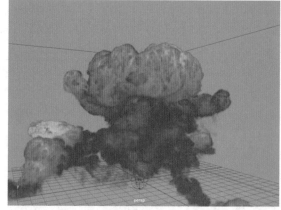

图7-111

7.4 本章小结

本实例使用粒子系统和流体系统制作烟雾爆炸效果，在制作的过程中，应注意及时保存工程文件。在模拟烟雾时，应先为粒子系统创建缓存文件，再为流体系统创建缓存文件。这样才可以保证烟雾效果被正确模拟。读者可以先尝试使用本章给出的参数进行烟雾模拟，再尝试根据技术专题中的操作步骤适当增加数值，以达到计算机所能承受的最佳渲染效果。

第8章

无限海洋特效技术

8.1　效果展示

本章将为读者详细讲解如何在中文版Maya 2022软件中制作逼真的海洋动画、浪花特效和泡沫特效。在本实例中，先来学习Boss（海洋模拟）系统的基本使用方法，最终渲染完成结果如图8-1所示。

图8-1

图8-1（续）

8.2　制作流程

8.2.1　使用 Boss 系统创建海洋

01 启动中文版Maya 2022软件，单击"多边形建模"工具架上的"多边形平面"图标，如图8-2所示。在场景中创建一个平面模型，如图8-3所示。

图8-2

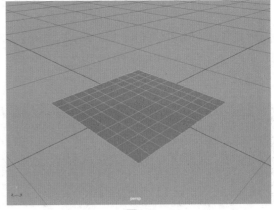

图8-3

02 在"通道盒/层编辑器"面板中，设置平面模型的"宽度"和"高度"的值均为100，设置"细分宽度"和"高度细分数"的值均为200，如图8-4所示。

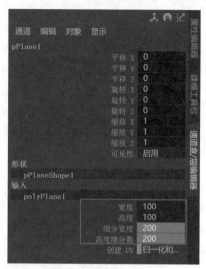

图8-4

03 设置完成后，可以得到一个非常大的平面模型，如图8-5所示。由于Maya软件的默认单位是厘米，而Boss系统的默认动画计算单位为1米对应1厘米，所以现在创建的这个平面可以视为是100米×100米的方形海洋区域。

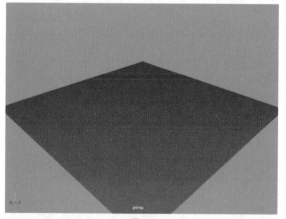

图8-5

04 将显示菜单切换为FX，执行Boss|"Boss编辑器"命令，打开Boss Ripple/Wave Generator面板，如图8-6所示。

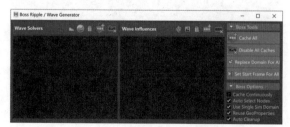

图8-6

05 选择场景中的平面模型，单击Boss Ripple/Wave Generator面板中的Create Spectral Waves（创建光谱波浪）按钮，如图8-7所示。

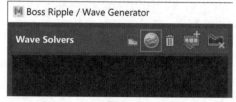

图8-7

06 在"大纲视图"面板中可以看到，Maya软件既可根据之前所选择的平面模型的大小及细分情况创建出一个用于模拟区域海洋的新模型并命名为BossOutput，同时，隐藏场景中原有的多边形平面模型，如图8-8所示。

图8-8

07 在默认情况下，新生成的BossOutput模型与原有的多边形平面模型一模一样。拖动一下Maya的时间帧，即可看到从第2帧起，BossOutput模型可以模拟出非常真实的海洋波浪运动效果，如图8-9所示。

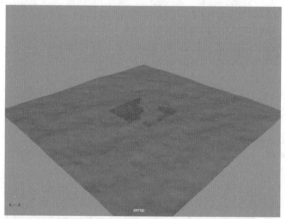

图8-9

08 在"属性编辑器"面板中打开BossSpectralWave1选项卡，展开"模拟属性"卷展栏，设置"波高度"的值为2，勾选"使用水平置换"选项，并调整"波大小"的值为5，如图8-10所示。

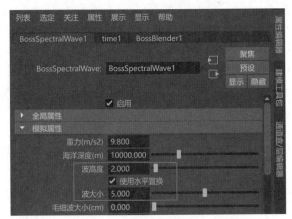

图8-10

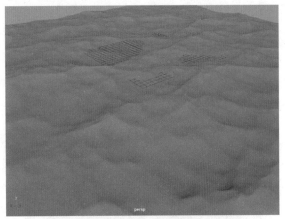

图8-13

09 调整完成后，播放场景动画，可以看到模拟出来的海洋波浪效果如图8-11~图8-13所示。

10 选择平面模型，在"通道盒/层编辑器"面板中将"细分宽度"和"高度细分数"的值均提高至500，如图8-14所示。这时，系统可能会弹出"多边形基本体参数检查"对话框，询问用户是否需要继续使用这么高的细分值，如图8-15所示，单击该对话框中的"是，不再询问"按钮即可。

图8-11

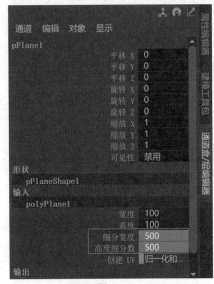

图8-14

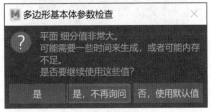

图8-15

11 设置完成后，在视图中观察海洋模型，可以看到模型的细节大幅提升了，如图8-16所示为提高了细分值前后的海洋模型对比结果。

◎技巧与提示·。

读者可以尝试使用"移动"工具在水平方向上更改之前被隐藏起来的平面模型，即可发现移动平面模型并不会影响模拟生成的海洋波浪位置。

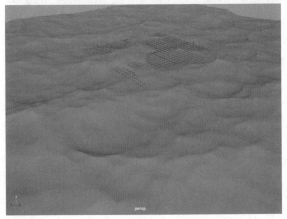

图8-12

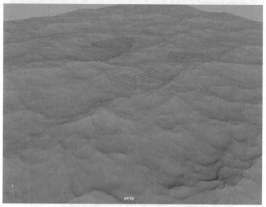

图8-16

8.2.2 使用标准曲面材质制作海洋材质

01 选择海洋模型，为其指定"渲染"工具架上的"标准曲面材质"，如图8-17所示。

图8-17

02 在"属性编辑器"面板中，设置"基础"卷展栏内的"颜色"为深蓝色，如图8-18所示。其中，"颜色"的参数设置如图8-19所示。

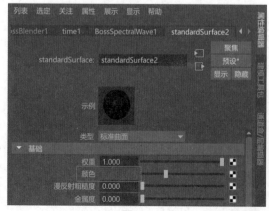

图8-18

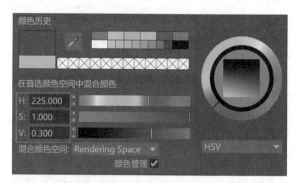

图8-19

03 展开"镜面反射"卷展栏，设置"权重"的值为1，"粗糙度"的值为0.1，如图8-20所示。

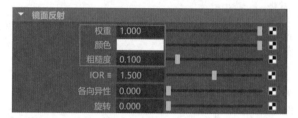

图8-20

04 展开"透射"卷展栏，设置"权重"的值为0.7，"颜色"为深绿色，如图8-21所示。"颜色"的参数设置如图8-22所示。

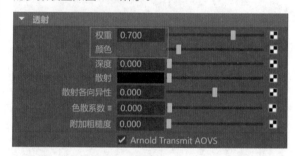

图8-21

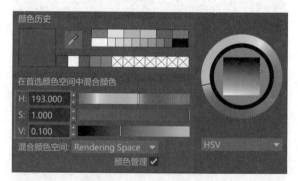

图8-22

05 制作完成的海洋材质球显示效果如图8-23所示。

图8-23

8.2.3　创建物理天空灯光

01 材质设置完成后，接下来，为场景创建灯光。单击Arnold工具架上的Create Physical Sky（创建物理天空）图标，在场景中创建物理天空灯光，如图8-24所示。

图8-24

02 在Physical Sky Attributes（物理天空属性）卷展栏中，设置Elevation（海拔）的值为25，Azimuth（方位角）的值为200，Intensity（强度）的值为6，如图8-25所示。

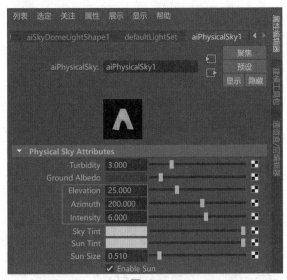

图8-25

03 渲染场景，添加了材质和灯光的海洋波浪最终渲染结果如图8-26所示。

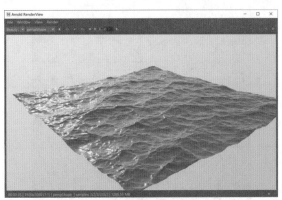

图8-26

8.2.4　为 Boss 海洋创建泡沫贴图

01 在"大纲视图"面板中选择海洋对象，如图8-27所示。

图8-27

02 在"泡沫属性"卷展栏中，勾选"启用"选项，设置"尖点最小值"的值为0.05，如图8-28所示。

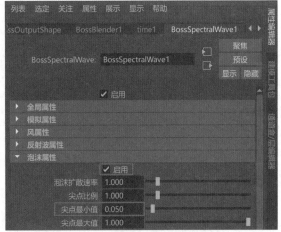

图8-28

03 在Boss Ripple/Wave Generator面板中，单击Create Cache for Wave Solver（为波浪创建缓存）按钮，如图8-29所示。为海洋对象创建缓存文件。

117

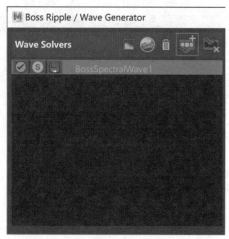

图8-29

04 创建完成后，默认状态下可以在自己电脑的文档文件夹中找到海洋波浪缓存文件和海洋泡沫缓存文件，如图8-30所示。

BossSpectralWave1.0110
BossSpectralWave1.0111
BossSpectralWave1.0112
BossSpectralWave1.0113
BossSpectralWave1.0114
BossSpectralWave1.0115
BossSpectralWave1.0116
BossSpectralWave1.0117
BossSpectralWave1.0118
BossSpectralWave1.0119
BossSpectralWave1.0120
BossSpectralWave1.foam.0002
BossSpectralWave1.foam.0003
BossSpectralWave1.foam.0004
BossSpectralWave1.foam.0005
BossSpectralWave1.foam.0006

BossSpectralWave1.foam.0022
BossSpectralWave1.foam.0023
BossSpectralWave1.foam.0024
BossSpectralWave1.foam.0025
BossSpectralWave1.foam.0026
BossSpectralWave1.foam.0027
BossSpectralWave1.foam.0028
BossSpectralWave1.foam.0029
BossSpectralWave1.foam.0030
BossSpectralWave1.foam.0031
BossSpectralWave1.foam.0032
BossSpectralWave1.foam.0033
BossSpectralWave1.foam.0034
BossSpectralWave1.foam.0035
BossSpectralWave1.foam.0036
BossSpectralWave1.foam.0037

图8-30

05 选择海洋对象，单击"渲染"工具架上的"编辑材质属性"图标，如图8-31所示。这样，可以快速在"属性编辑器"面板中显示出所选对象的材质属性。

图8-31

06 展开"自发光"卷展栏，单击"权重"属性后面的方形按钮，如图8-32所示。

07 在弹出的"创建渲染节点"面板中选择"文件"选项，如图8-33所示。

08 在"文件属性"卷展栏中，为"图像名称"属性添加刚刚生成的泡沫缓存文件，并勾选"使用图像序列"选项，如图8-34所示。

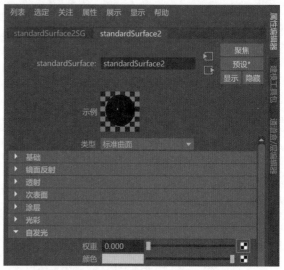

图8-32

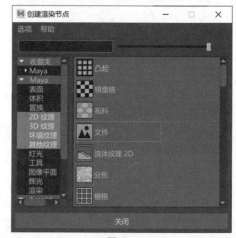

图8-33

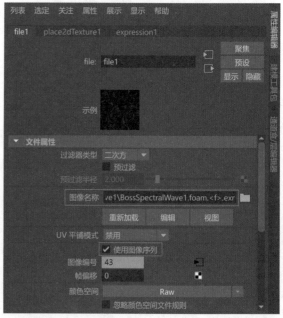

图8-34

09 设置完成后，再次渲染场景，渲染结果如图8-35所示。这时，可以清楚地看到渲染画面中海洋表面上白色的泡沫纹理。

图8-35

10 添加了泡沫纹理细节前后的海洋渲染结果对比如图8-36所示。

图8-36

◎技巧与提示·○

　　Boss系统里的泡沫实际上先是根据"泡沫属性"中的参数生成序列泡沫缓存文件，再通过材质中的"权重"属性将这些泡沫缓存文件读取到制作完成的海洋材质中，通过贴图的方式添加到渲染结果中。这种制作泡沫的方式有时不会特别准确。后面将详细为读者讲解Boss系统配合Bifrost系统来制作更加真实的泡沫效果。

8.2.5　创建无限海洋动画缓存文件

　　通过之前讲解的方法可以快速制作出一块海洋区域，但是想要在场景中制作更加宽广的海洋效果时，则需要通过设置置换贴图的方式才能实现，具体操作步骤如下。

01 在"大纲视图"面板中选择平面模型，如图8-37所示。

图8-37

02 在"通道盒/层编辑器"面板中，设置"细分宽度"和"高度细分数"的值均为1000，如图8-38所示。这样可以得到更多的模拟细节。

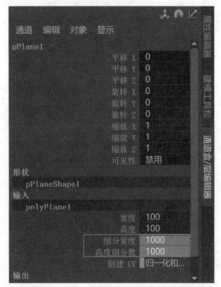

图8-38

03 设置完成后，海洋的视图显示效果如图8-39所示。

04 在"大纲视图"面板中选择海洋对象，如图8-40所示。

05 在"全局属性"卷展栏中，设置"开始帧"的值为1，"面片大小X（m）"和"面片大小Z（m）"

的值均为100，"分辨率X"和"分辨率Z"的值均为
1024，如图8-41所示。

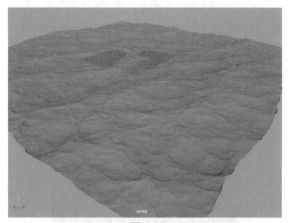

图8-39

图8-40

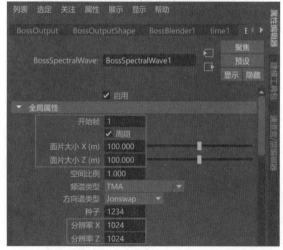

图8-41

06 选择平面模型，单击Boss Ripple/Wave Generator
面板中的Create Spectral Waves（创建光谱波浪）按
钮，创建第2个波浪模拟，如图8-42所示。

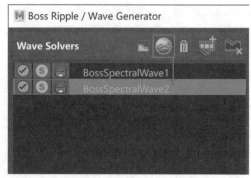

图8-42

07 在"全局属性"卷展栏中，设置"开始帧"的
值为1，"面片大小X（m）"和"面片大小Z（m）"
的值均为60，"分辨率X"和"分辨率Z"的值均为
1024，如图8-43所示。

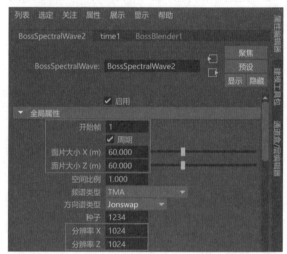

图8-43

08 设置完成后，渲染场景，渲染效果如图8-44
所示。

图8-44

09 在Boss Ripple/Wave Generator面板中，单击
Cache All（创建缓存）按钮，如图8-45所示。为海
洋对象创建缓存文件。

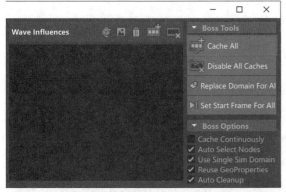

图8-45

10 创建完成后的缓存文件如图8-46所示。

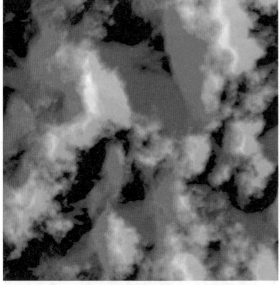

图8-46

8.2.6 使用置换贴图制作无限海洋效果

01 单击"多边形建模"工具架上的"多边形平面"图标,如图8-47所示。在场景中创建一个平面模型。

图8-47

02 在"通道盒/层编辑器"面板中,设置"宽度"和"高度"的值均为2000,"细分高度"和"高度细分数"的值均为200,如图8-48所示。

03 设置完成后,平面模型的视图显示结果如图8-49所示。

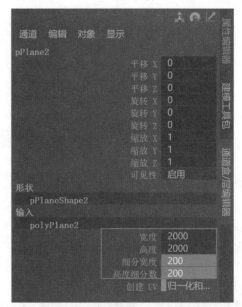

图8-48

图8-49

04 右击并执行"指定现有材质"|standardSurface2命令,将之前制作完成的海洋材质指定到所选择的模型上,如图8-50所示。

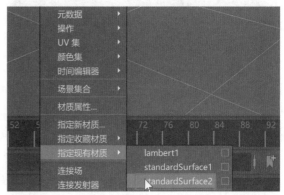

图8-50

05 单击"显示Hypershade窗口"按钮,如图8-51所示。

121

图8-51

06 在Hypershade面板中,找到制作完成的海洋材质,单击"输入和输出连接"按钮,如图8-52所示。这样可以在该面板中显示出该材质的所有材质节点,如图8-53所示。接下来需要在该面板中对海洋的材质节点进行编辑操作。

图8-52

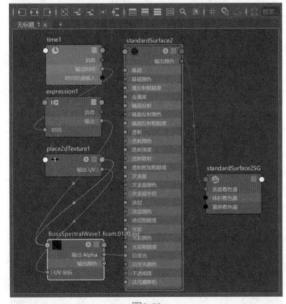

图8-53

07 在"着色组属性"卷展栏中,单击"置换材质"后面的方形按钮,如图8-54所示。

08 在弹出的"创建渲染节点"面板中,将光标放置在"文件"上,右击并执行"创建为投影"

命令,如图8-55所示。

图8-54

图8-55

09 同时,观察"大纲视图"面板,该面板中会自动创建出一个名称为place3dTexture1的贴图坐标,如图8-56所示。

图8-56

10 在"通道盒/层编辑器"面板中，设置"旋转X"的值为-90，"缩放X""缩放Y"和"缩放Z"的值均为50，如图8-57所示。

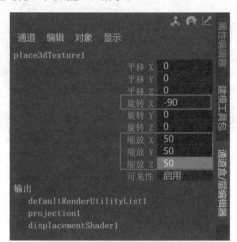

图8-57

11 设置完成后，贴图坐标的视图显示结果如图8-58所示。

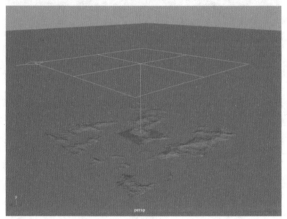

图8-58

12 在"文件属性"卷展栏中，为"图像名称"属性指定上一节中生成的缓存文件，并勾选"使用图像序列"选项，如图8-59所示。

13 在Hypershade面板中，将如图8-60所示的连接断开，再将"输出颜色"与"向量置换"进行连接，如图8-61所示。

14 设置完成后，将场景中的海洋对象隐藏，如图8-62所示。对平面模型进行渲染，渲染结果如图8-63所示。

15 为海洋材质添加第2个置换效果。在Hypershade面板中，按Tab键，在弹出的搜索框内输入colorMath，如图8-64所示，并找到该节点，如图8-65所示。

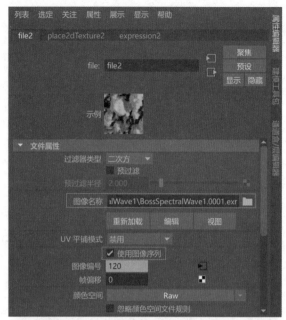

图8-59

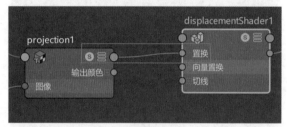

图8-60

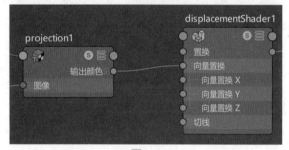

图8-61

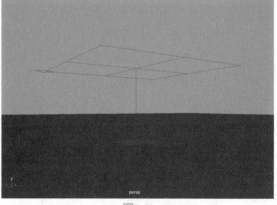

图8-62

图8-63

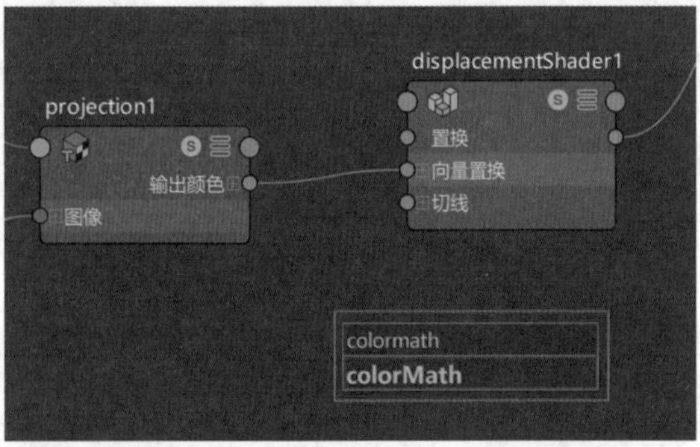

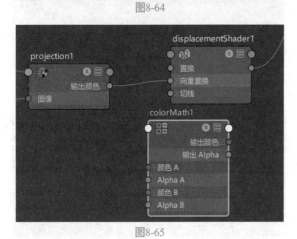

图8-64

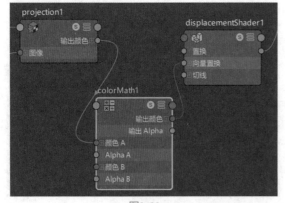

⑯ 更改材质的节点并连接至如图8-66所示的节点。

图8-65

图8-66

⑰ 在"输入层"卷展栏中,单击"颜色B"参数后面的方形按钮,如图8-67所示。

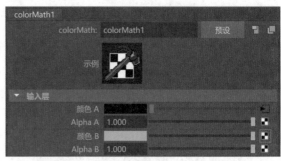

图8-67

⑱ 在弹出的"创建渲染节点"面板中,将光标放置在"文件"上,右击并执行"创建为投影"命令,如图8-68所示。

图8-68

⑲ 在"文件属性"卷展栏中,为"图像名称"属性指定上一节中生成的第2份缓存文件,并勾选"使用图像序列"选项,如图8-69所示。

⑳ 在"大纲视图"面板中选择自动创建出一个名称为place3dTexture2的贴图坐标,如图8-70所示。

㉑ 在"通道盒/层编辑器"面板中,设置"旋转X"的值为-90,"缩放X""缩放Y"和"缩放Z"的值均为30,如图8-71所示。

㉒ 设置完成后,再次渲染场景,渲染结果如图8-72所示。

图8-69

图8-70

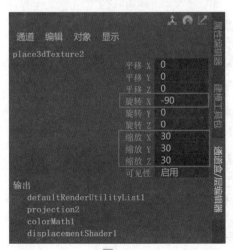

图8-71

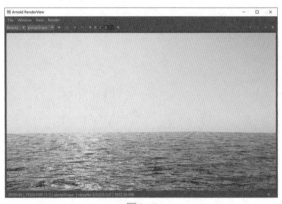

图8-72

◎技巧与提示·◎

海洋材质中"自发光"卷展栏内的"权重"参数也需要使用同样的设置方法进行更改，这样才可以得到正确的泡沫贴图效果，读者可以参考本章配套视频里的操作步骤进行学习。

23 选择平面模型，在Subdivision（细分）卷展栏中，设置Type（类型）为linear（线性），Iterations（迭代次数）的值为4，如图8-73所示。

图8-73

◎技巧与提示·◎

这个卷展栏中的命令是与Arnold渲染器有关的，故该卷展栏内的所有参数都是英文显示。另外，Iterations（迭代次数）值越高，渲染效果越细致，耗时也越长。

24 再次渲染场景，渲染结果如图8-74所示。

图8-74

25 选择平面模型，在"通道盒/层编辑器"面板中，设置"宽度"和"高度"的值均为4000，如图8-75所示。

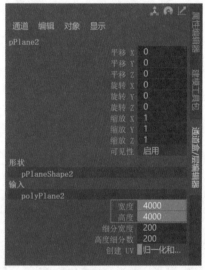

图8-75

26 选择物理天空灯光，在Physical Sky Attributes（物理天空属性）卷展栏中，设置Turbidity（浊度）的值为3.5，Elevation（海拔）的值为10，Sun Size（太阳尺寸）的值为3，如图8-76所示。

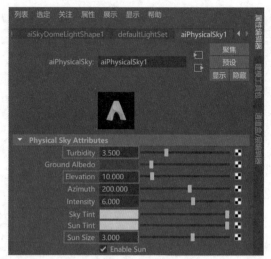

图8-76

27 再次渲染场景，渲染结果如图8-77所示。

图8-77

8.2.7　制作摄影机动画

01 按住空格键，在弹出的菜单中，右击并执行"新建摄影机"，如图8-78所示。可以在当前角度创建一个新的摄影机，如图8-79所示。

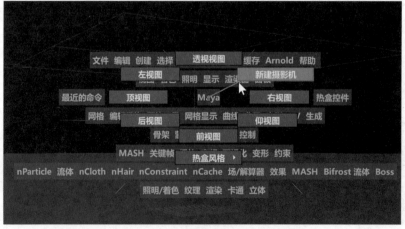

图8-78

图8-79

02 在"通道盒/层编辑器"面板中,设置其参数至如图8-80所示,并在第1帧位置处设置关键帧。

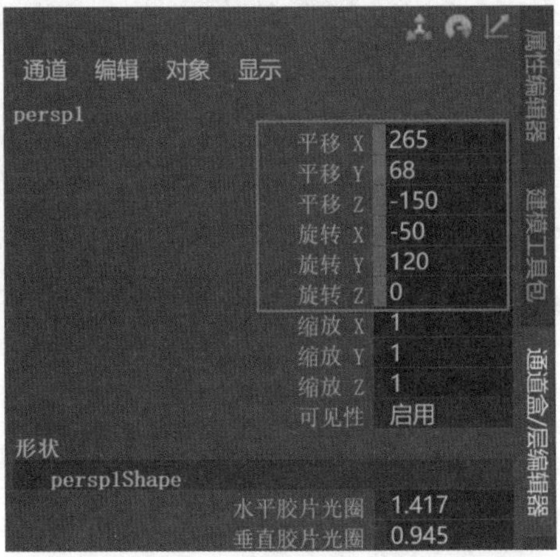

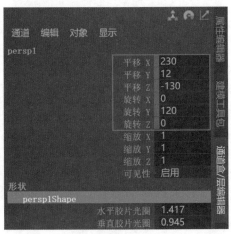

图8-80

03 在第120帧位置处,设置摄影机的参数如图8-81所示,并设置关键帧。

图8-81

04 打开"渲染设置"面板,在"文件输出"卷展栏中,设置"图像格式"为png,"帧/动画扩展名"为"名称#.扩展名",如图8-82所示。

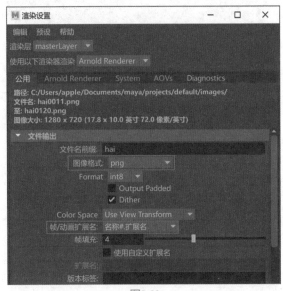

图8-82

05 在Frame Range卷展栏中,设置"开始帧"的值为1,"结束帧"的值为120,如图8-83所示。

图8-83

06 在"可渲染摄影机"卷展栏中,单击垃圾桶图标,只保留一个新建的摄影机进行场景的渲染工作,如图8-84所示。

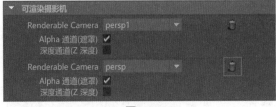

图8-84

07 在"图像大小"卷展栏中,设置"预设"为HD_720,如图8-85所示。

08 设置完成后,保存场景文件。在"渲染"工具架中单击"批渲染"图标,如图8-86所示。Maya软件即可开始计算整个动画的渲染工作。

图8-85

图8-86

8.3 技术专题

8.3.1 "全局属性"卷展栏参数解析

Boss系统"全局属性"卷展栏中的参数可以控制海洋动画的全局属性，如图8-87所示。

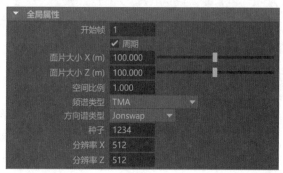

图8-87

参数解析

- 开始帧：用于设置Boss海洋模拟系统开始计算的第1帧。
- 周期：用来设置在海洋网格上是否重复显示计算出来的波浪图案，默认为勾选状态。如图8-88所示为启用了"周期"选项前后的海洋网格显示结果对比。
- 面片大小X/面片大小Z：用来设置计算海洋网格表面的纵横尺寸。
- 空间比例：设置海洋网格X和Z方向上面片的线性比例大小。

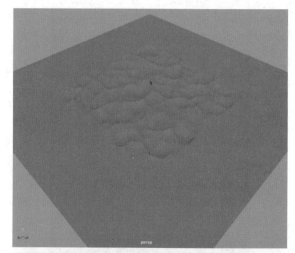

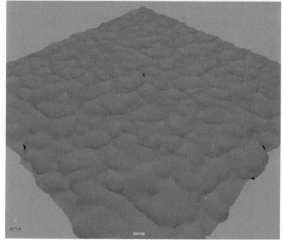

图8-88

- 频谱类型/方向谱类型：Maya设置了多种不同的频谱类型/方向谱类型供用户进行选择，可以用来模拟不同类型的海洋表面效果。
- 种子：此值用于初始化伪随机数生成器。更改此值可生成具有相同总体特征的不同结果。
- 分辨率X/Z：用于设置计算波高度的栅格X/Z方向的分辨率。

8.3.2 "模拟属性"卷展栏参数解析

Boss系统"模拟属性"卷展栏中的参数可以控制海洋动画的模拟属性，如图8-89所示。

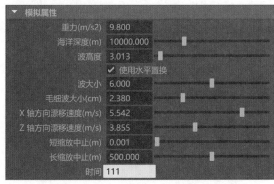

图8-89

参数解析

- 重力：该值通常使用默认的9.8m/s²即可，值越小，产生的波浪越高且移动速度越慢，值越大，产生的波浪越低且移动速度越快。可以调整此值以更改比例。

- 海洋深度：用于计算波浪运动的水深。在浅水中，波浪往往较长、较高及较慢。

- 波高度：设置海洋的波高度。如图8-90所示为该值分别为1和3的波浪显示结果对比。

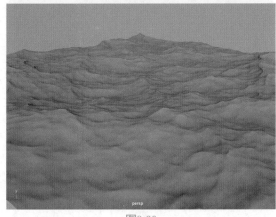

图8-90

- 使用水平置换：在水平方向和垂直方向置换网格的顶点。这会导致波的形状更尖锐、更不圆滑，还会生成适合向量置换贴图的缓存，因为3个轴上都存在偏移。如图8-91所示分别为勾选了"使用水平置换"选项前后的显示结果对比。

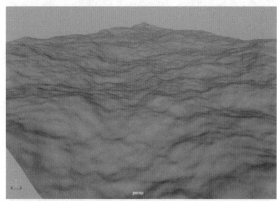

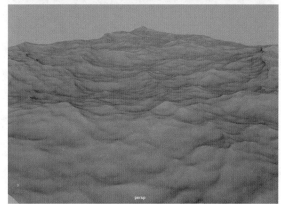

图8-91

- 波大小：控制水平置换量，可调整此值以避免输出网格中出现自相交。如图8-92所示分别为该值是3和6的海洋波浪显示结果对比。

图8-92

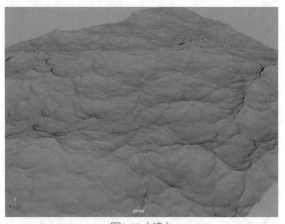

图8-92（续）

- 毛细波大小：用于设置毛细波的最大波长。毛细波通常仅在比例较小且分辨率较高的情况下可见，因此在许多情况下，可以设置该值为0，以避免执行不必要的计算。
- X轴方向漂移速度/Z轴方向漂移速度：用于

设置X/Z轴方向波浪运动以使其行为就像是水按指定的速度移动。

- 短缩放中止/长缩放中止：用于设置计算中的最短/最长波长。
- 时间：对波浪求值的时间。在默认状态下，该值背景色为黄色，代表此值直接连接到场景时间，但用户也可以断开连接，然后使用表达式或其他控件来减慢或加快波浪运动。

8.4 本章小结

本章主要讲解Boss系统的基本使用方法和工作原理，并使用该系统来制作海洋特写动画及无限海洋动画效果。建议读者先学习本章内容，待对本章节内容熟练掌握后再学习后面两章与海洋有关的特效动画。

第 9 章
潜水艇浮起特效技术

9.1　效果展示

　　本章主要讲解如何使用Maya的Bifrost流体系统和Boss海洋模拟系统来制作潜水艇从水下浮起的动画特效。需要注意的是制作该实例对电脑的配置要求相对要高一些，本实例的最终渲染完成结果如图9-1所示。

图9-1

图9-1（续）

9.2　制作流程

9.2.1　场景分析

 启动中文版Maya 2022软件，打开本书配套资源场景文件，可以看到该场景中有一只带有动画的潜水艇模型，如图9-2所示。

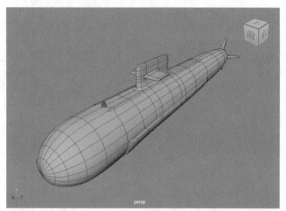

图9-2

02 将视图切换至"顶视图"，如图9-3所示。

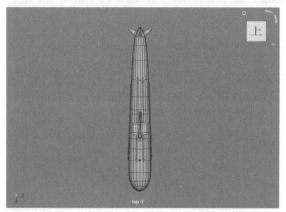

图9-3

03 执行菜单栏中的"创建"|"测量工具"|"距离工具"命令，测量出潜水艇模型的大概长度，如图9-4所示。由于在Maya软件中，动力学模拟及Boss海洋模拟系统的假定比例均为1厘米对应1米，所以场景中的潜水艇模型可以视为长度是118米左右的大小。

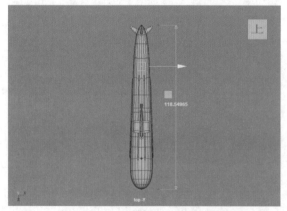

图9-4

9.2.2 使用 Boss 系统制作海洋动画

01 将场景中的潜水艇模型先隐藏起来。单击"多边形建模"工具架上的"多边形平面"图标，如图9-5所示。在场景中创建一个平面模型用来制作海洋。

图9-5

02 在"通道盒/层编辑器"面板中，设置平面模型的"平移X""平移Y"和"平移Z"的值均为0，如图9-6所示。

图9-6

03 设置"宽度"和"高度"的值均为500，"细分宽度"和"高度细分数"的值均为200，如图9-7所示。

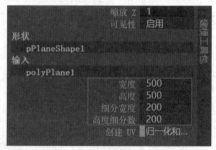

图9-7

04 设置完成后，场景中的平面模型如图9-8所示。

05 执行菜单栏中的Boss|"Boss编辑器"命令，打开Boss Ripple/Wave Generator面板，如图9-9所示。

06 选择场景中的平面模型，单击Boss Ripple/Wave Generator面板中的Create Spectral Waves（创建光谱波浪）按钮，如图9-10所示。

07 在"大纲视图"面板中可以看到，Maya软件既可根据之前所选择的平面模型的大小及细分情况创建出一个用于模拟区域海洋的新模型并命名为

BossOutput，同时，隐藏场景中原有的多边形平面模型，如图9-11所示。

图9-8

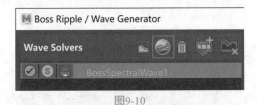

图9-9

图9-10

图9-11

08　在默认情况下，新生成的BossOutput模型与原有的多边形平面模型一模一样。拖动一下Maya的时间帧，即可看到从第2帧起，BossOutput模型可以模拟出非常真实的海洋波浪运动效果，如图9-12所示。

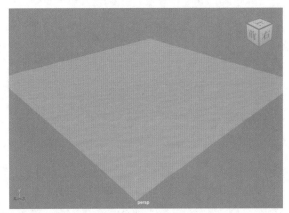

图9-12

09　在"属性编辑器"面板中打开BossSpectral Wave1选项卡，在"全局属性"面板中，设置"开始帧"的值为1，"面片大小X（m）"的值为500，"面片大小Z（m）"的值为500，如图9-13所示。

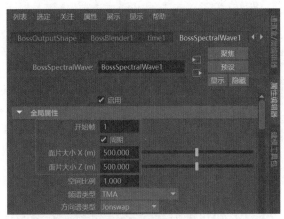

图9-13

10　展开"模拟属性"卷展栏，设置"波高度"的值为0.8，勾选"使用水平置换"选项，并调整"波大小"的值为1.5，如图9-14所示。

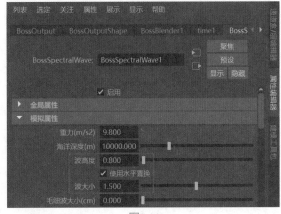

图9-14

11 调整完成后，播放场景动画，可以看到模拟出来的海洋波浪效果如图9-15所示。

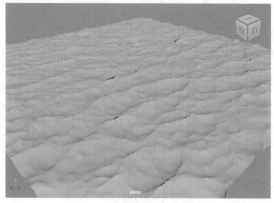

图9-15

12 在"大纲视图"面板中选择平面模型，展开"多边形平面历史"卷展栏，将"细分宽度"和"高度细分数"的值均提高至800，如图9-16所示。这时，系统可能会弹出"多边形基本体参数检查"对话框，询问用户是否需要继续使用这么高的细分值，如图9-17所示，单击该对话框中的"是，不再询问"按钮即可。

图9-16

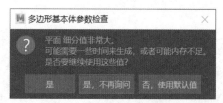

图9-17

13 设置完成后，在视图中观察海洋模型，可以看到模型的细节大幅提升了，如图9-18所示为提高了细分值前后的海洋模型对比结果。

14 在"风属性"卷展栏中，设置"风速（m/s）"的值为4，"风吹程距离（km）"的值为20，如图9-19所示。

15 设置完成后，观察场景，制作完成后的海洋效

果如图9-20所示。

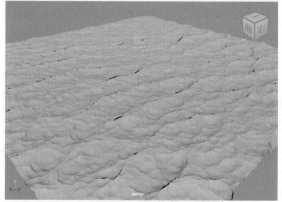

图9-18

图9-19

图9-20

9.2.3 制作潜水艇关键帧动画

01 在"大纲视图"面板中选择潜水艇模型,如图9-21所示。

图9-21

02 在第20帧位置处,在"属性编辑器"面板中,设置"平移"属性的值如图9-22所示,并为其设置关键帧。

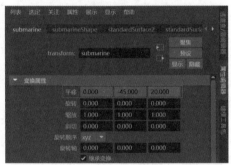

图9-22

03 在第170帧位置处,在"属性编辑器"面板中,设置"平移"属性的值如图9-23所示,并为其设置关键帧。

04 在第400帧位置处,在"属性编辑器"面板中,设置"平移"属性的值如图9-24所示,并为其设置关键帧。

05 执行菜单栏中的"窗口"|"动画编辑器"|"曲线图编辑器"命令,如图9-25所示。

图9-23

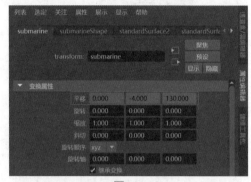

图9-24

图9-25

06 选择如图9-26所示的曲线节点。单击"线性切线"按钮,调整曲线的形态至图9-27所示。

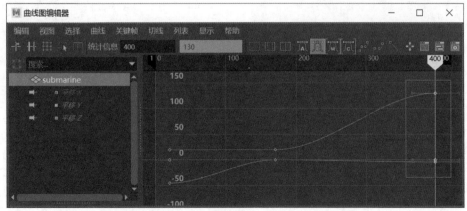

图9-26

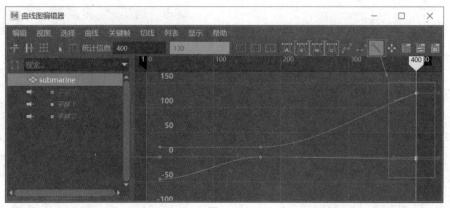

图9-27

07 设置完成后，播放场景动画，潜水艇的动画效果如图9-28所示。

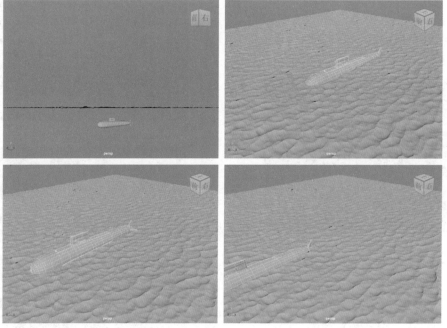

图9-28

9.2.4 使用 Boss 系统计算波浪动画

01 执行菜单栏中的Boss|"Boss编辑器"命令，打开Boss Ripple/Wave Generator面板，如图9-29所示。

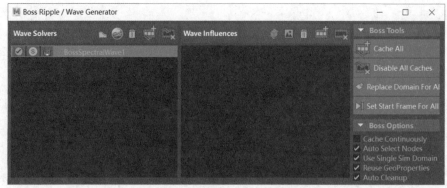

图9-29

02 选择场景中海面下方的潜水艇模型，如图9-30所示。

图9-30

03 单击Add geo influence to selected solver按钮，设置游艇模型参与到海洋波浪的形态计算当中，如图9-31所示。

图9-31

04 选择场景中的海洋模型，在"属性编辑器"面板中，展开"反射波属性"卷展栏，调整"反射高度"的值为30，如图9-32所示。

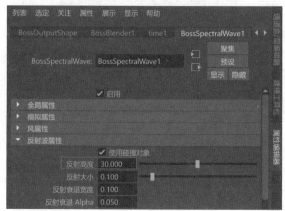

图9-32

05 播放场景动画，即可看到游艇在水面上航行所产生的尾迹动画效果，如图9-33所示。

06 在Boss Ripple/Wave Generator面板中，单击Cache All按钮，如图9-34所示。为海洋动画创建缓存文件。

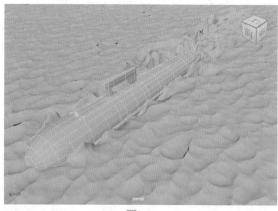

图9-33

图9-34

◎技巧与提示·◎

使用Boss海洋模拟系统来制作海洋波浪动画时，在制作动画完成后，务必记得将海洋动画的数据使用"缓存"功能保存在本地硬盘上，这样在播放动画时，海洋对象可以直接读取之前缓存后的数据文件，从而使Maya软件不必再重复进行这些动画计算。

07 等待计算机将缓存文件创建完成后，播放场景动画，本实例最终制作完成后的尾迹动画效果如图9-35所示。

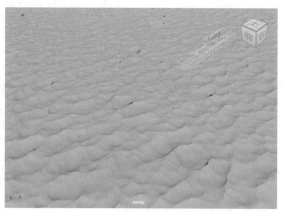

图9-35

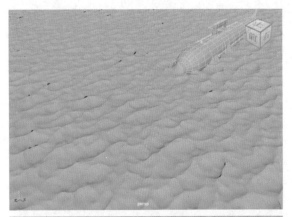

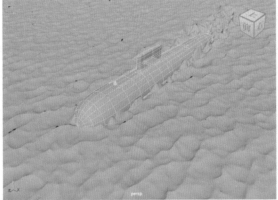

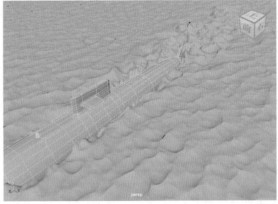

图9-35（续）

9.2.5 使用 Bifrost 流体模拟海水飞溅动画

01 本节开始制作潜水艇上浮时所产生的浪花飞溅
效果。在第1帧位置处，不要选择场景中的任何对
象，单击Bifrost工具架上的"液体"图标，如图9-36
所示。在场景中创建一个液体对象。

图9-36

02 创建完成后，可以在"大纲视图"面板中看到

场景中多了许多节点，如图9-37所示。

图9-37

03 在"大纲视图"面板中先选择潜水艇模型，再
加选液体对象，如图9-38所示。

图9-38

04 单击Bifrost工具架上的"发射区域"图标，如
图9-39所示。

图9-39

05 在"大纲视图"面板中，先选择海洋对象，再
加选液体对象，如图9-40所示。

06 单击Bifrost工具架上的"导向"图标，如图9-41
所示。这时，系统会自动弹出Maya-2022对话框，询
问用户是否继续，如图9-42所示。单击"是"按钮，
关闭该对话框。

图9-40

图9-41

图9-42

07 在"大纲视图"面板中选择液体对象，在"属性编辑器"面板中，展开"显示"卷展栏，勾选"体素"选项，如图9-43所示。

图9-43

08 在"大纲视图"面板中选择液体发射器节点，如图9-44所示。

09 在"属性编辑器"面板中，设置"厚度"的值为5，如图9-45所示。设置完成后，即可将场景中的简模模型隐藏起来。

10 接下来，在"大纲视图"面板中先选择潜水艇模型，再加选液体对象，如图9-46所示。

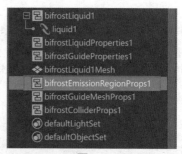

图9-44

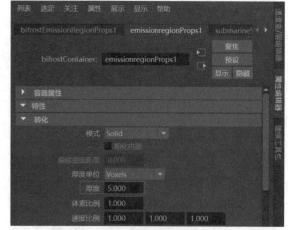

图9-45

图9-46

11 单击Bifrost工具架上的"碰撞对象"图标，如图9-47所示。为所选择的物体之间设置碰撞关系。

图9-47

12 播放场景动画，这次可以看到模拟出来的浪花飞溅效果如图9-48所示。

图9-48

13 本实例最终制作完成的浪花动画效果如图9-49所示。

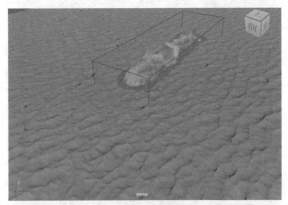

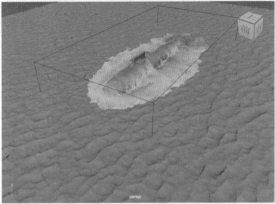

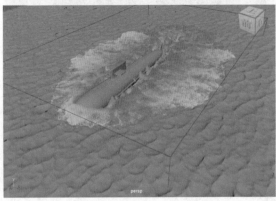

图9-49

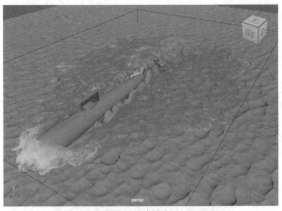

图9-49（续）

9.2.6 使用 Bifrost 流体模拟泡沫特效动画

01 在"大纲视图"面板中，选择液体节点，如图9-50所示。

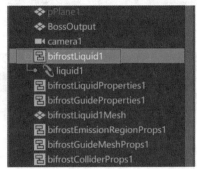

图9-50

02 单击Bifrost工具架上的"泡沫"图标，如图9-51所示，即可在该节点下方创建泡沫对象，如图9-52所示。

图9-51

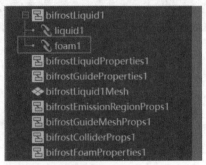

图9-52

03 在"属性编辑器"面板中，设置"自发光速率"的值为10000，来提高泡沫的产生数量，如

图9-53所示。

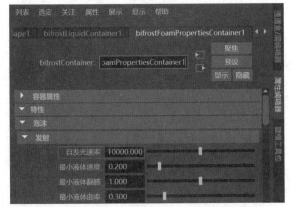

图9-53

04 在"粒子显示"卷展栏中，设置"最大粒子显示数"的值为10000000，提高视图中的粒子显示效果，如图9-54所示。

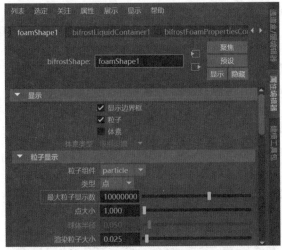

图9-54

05 设置完成后，执行菜单栏中的"Bifrost液体"|"计算并缓存到磁盘"命令，生成浪花和泡沫缓存文件，如图9-55所示。

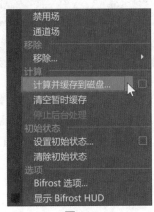

图9-55

◎技巧与提示·◦

缓存之前先查看本地硬盘空间是否充足，以本实例为例，400帧的缓存文件大小一共需要80GB左右的空间存储。

06 添加了泡沫特效前后的视图显示结果对比如图9-56所示。

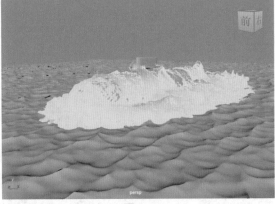

图9-56

07 将"时间滑块"设置到第235帧位置处，观察场景，可以清晰地看到潜水艇上浮时所溅起的浪花飞溅和泡沫效果，如图9-57所示。

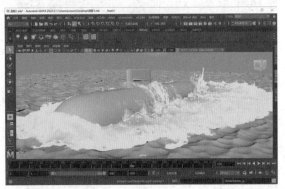

图9-57

08 本实例最终制作完成的泡沫动画效果如图9-58所示。

图9-58

9.2.7 使用标准曲面材质制作海洋材质

01 选择海洋模型，如图9-59所示。

图9-59

02 单击"渲染"工具架上的"标准曲面材质"图标，为其指定"渲染"工具架上的"标准曲面材质"，如图9-60所示。

图9-60

03 在"属性编辑器"面板中，设置"基础"卷展栏内的"颜色"为深蓝色，如图9-61所示。其中，"颜色"的参数设置如图9-62所示。

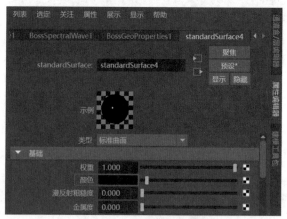

图9-61

04 展开"镜面反射"卷展栏，设置"权重"的值为1，"粗糙度"的值为0.2，如图9-63所示。

05 展开"透射"卷展栏，设置"权重"的值为0.9，"颜色"为深蓝色，如图9-64所示。"颜色"的参数设置如图9-65所示。

06 制作完成的海洋材质球显示效果如图9-66所示。

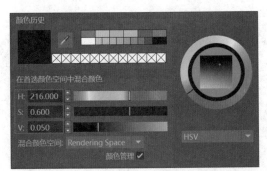

图9-62

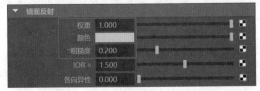

图9-63

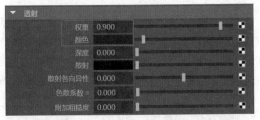

图9-64

图9-66

07 在"大纲视图"面板中选择液体对象,如
图9-67所示。为其指定一个标准曲面材质。

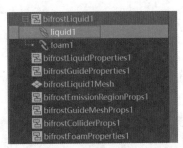

图9-67

08 在"镜面反射"卷展栏中,设置"权重"的值
为1,"颜色"为白色,"粗糙度"的值为0.052,如
图9-68所示。

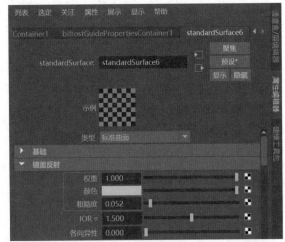

图9-68

09 展开"透射"卷展栏,设置"权重"的值为1,
"颜色"为白色,如图9-69所示。

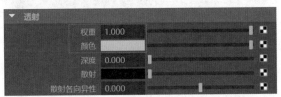

图9-69

10 制作完成的浪花材质球显示效果如图9-70所示。

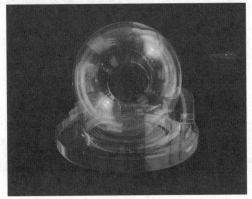

图9-70

9.2.8 渲染输出

01 接下来，为场景创建灯光。单击Arnold工具架上的Create Physical Sky（创建物理天空）图标，在场景中创建物理天空灯光，如图9-71所示。

图9-71

02 在Physical Sky Attributes（物理天空属性）卷展栏中，设置Elevation（海拔）的值为20，Azimuth（方位角）的值为60，Intensity（强度）的值为5，如图9-72所示。

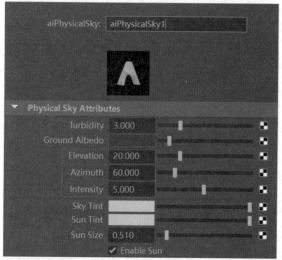

图9-72

03 设置完成后，选择几个自己喜欢的角度来渲染场景，添加了材质和灯光的海洋波浪最终渲染结果如图9-73~图9-76所示。

图9-73

图9-74

图9-75

图9-76

9.3 技术专题

9.3.1 "风属性"卷展栏参数解析

"风属性"卷展栏主要通过风速、风向等参数模拟风对海洋波浪起伏的影响效果，如图9-77所示。

图9-77

参数解析

图9-79

● 风速：生成波浪的风的速度。值越大，波浪越高、越长。如图9-78所示为"风速"值分别是4和15的显示结果对比。

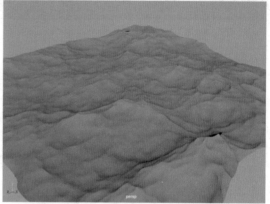

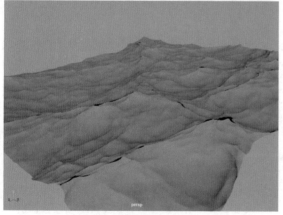

图9-78

● 风向：生成波浪的风的方向。其中，0代表 -X 方向，90 代表 -Z 方向，180 代表 +X 方向，270 代表 +Z 方向。如图9-79所示为"风向"值分别是0和180的显示结果对比。

● 风吹程距离：风应用于水面时的距离。距离较小时，波浪往往会较短、较低及较慢。如图9-80所示为"风吹程距离"值分别是100和6的显示结果对比。

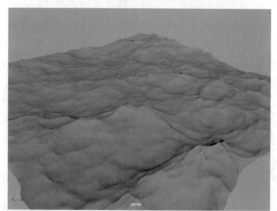

图9-80

9.3.2 "反射波属性"卷展栏参数解析

"反射波属性"卷展栏内的参数主要控制碰撞对象对海洋波浪的影响，如图9-81所示。

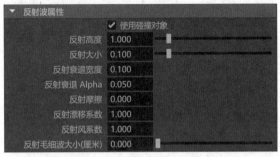

图9-82

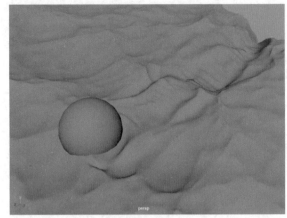

图9-82（续）

参数解析

- 使用碰撞对象：勾选该选项开启海洋与物体碰撞而产生的波纹计算。

- 反射高度：用于设置反射波纹的高度，如图9-82所示为"反射高度"值分别是20和50的波浪计算结果对比。

- 反射大小：反射波的水平置换量的倍增。可调整此值以避免输出网格中出现自相交。

- 反射衰退宽度：控制抑制反射波的域边界处区域的宽度。

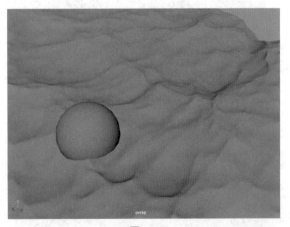

图9-82

- 反射衰退Alpha：控制沿面片边界的波抑制的平滑度。

- 反射摩擦：反射波的速度的阻尼因子。值为 0 时波自由传播，值为1时几乎立即使波衰减。

- 反射漂移系数：应用于反射波的"X 轴方向漂移速度（m/s）"和"Z 轴方向漂移速度（m/s）"量的倍增。

- 反射风系数：应用于反射波的"风速（m/s）"量的倍增。

- 反射毛细波大小（厘米）：能够产生反射时涟漪的最大波长。

9.4 本章小结

本章为读者详细讲解了潜水艇从海面下方浮起所产生的浪花效果，主要知识点涉及物体与海面所产生的碰撞计算以及Bifrost流体系统的使用方法和设置技巧，读者学习完本章内容后可以举一反三，尝试制作大型鱼类钻出海面的动画效果。

第 10 章

游艇浪花动画技术

10.1　效果展示

　　本章为读者讲解如何制作游艇在水面上滑行所产生的浪花飞溅动画，最终的渲染动画序列效果如图10-1所示。

图10-1

图10-1（续）

10.2　制作流程

10.2.1　场景分析

 启动中文版Maya 2022软件，打开本节配套资源场景文件，可以看到该场景中有一只游艇的模型，如图10-2所示。

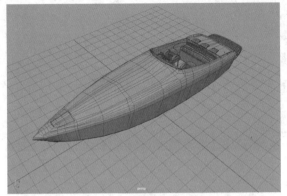

图10-2

02 在"大纲视图"面板中，观察场景模型，可以看到该游艇模型由3个模型组成，另外，场景中还有一个用于计算动力学动画的简模和一条曲线，这两个对象处于隐藏的状态，如图10-3所示。

图10-3

03 将场景中隐藏的简模设置为显示状态后，选择场景中的所有模型，如图10-4所示。

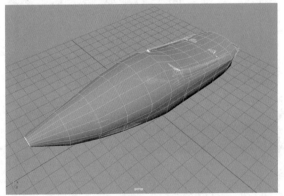

图10-4

04 使用组合键Ctrl+G，对所选择的模型执行"分

组"操作，设置完成后，可以在"大纲视图"面板中看到场景中构成游艇的4个模型现在成为了一个组合，如图10-5所示。这样，有利于接下来的动画制作。

图10-5

05 此外，在进行液体动画制作前，读者还需要找一些相关素材进行观察，充分了解自己所要模拟的液体动画效果。如图10-6所示分别为真实游艇所产生的浪花与玩具船在湖面所产生的波纹照片对比，读者在制作前先观察一下这些照片有助于了解真实世界中的浪花细节。

图10-6

10.2.2 使用 Boss 系统制作海洋动画

01 单击"多边形建模"工具架上的"多边形平面"图标，如图10-7所示。在场景中创建一个平面模型用来制作海洋。

图10-7

02 在"通道盒/层编辑器"面板中，设置平面模型的"平移X""平移Y"和"平移Z"的值均为0，如图10-8所示。

图10-8

03 设置"宽度"和"高度"的值均为150，"细分宽度"和"高度细分数"的值均为200，如图10-9所示。

图10-9

04 设置完成后，场景中的平面模型如图10-10所示。

图10-10

05 执行菜单栏中的Boss|"Boss编辑器"命令，打开Boss Ripple/Wave Generator面板，如图10-11所示。

图10-11

06 选择场景中的平面模型，单击Boss Ripple/Wave Generator面板中的Create Spectral Waves（创建光谱波浪）按钮，如图10-12所示。

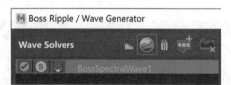

图10-12

07 在"大纲视图"面板中可以看到，Maya软件既可根据之前所选择的平面模型的大小及细分情况创建出一个用于模拟区域海洋的新模型并命名为BossOutput，同时，隐藏场景中原有的多边形平面模型，如图10-13所示。

图10-13

08 在默认情况下，新生成的BossOutput模型与原有的多边形平面模型一模一样。拖动一下Maya的时间帧，即可看到从第2帧起，BossOutput模型可以模拟出非常真实的海洋波浪运动效果，如图10-14所示。

09 在"属性编辑器"面板中打开BossSpectralWave1选项卡，在"全局属性"面板中，设置"开始帧"的值为1，"面片大小X（m）"的值为150，"面片大小Z（m）"的值为150，如图10-15所示。

图10-14

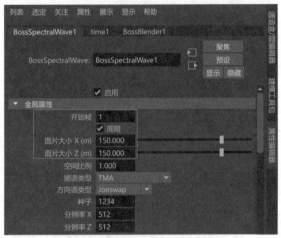

图10-15

10 展开"模拟属性"卷展栏，设置"波高度"的值为1，勾选"使用水平置换"选项，并调整"波大小"的值为3.5，如图10-16所示。

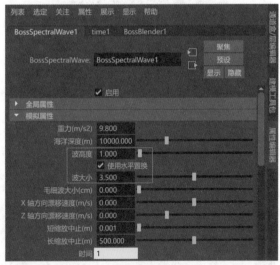

图10-16

11 调整完成后，播放场景动画，可以看到模拟出来的海洋波浪效果如图10-17所示。

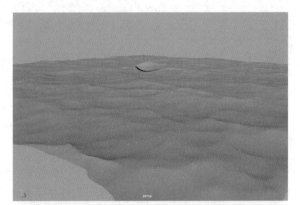

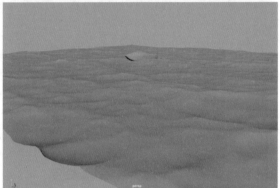

图10-17

12 在"大纲视图"面板中选择平面模型，展开"多边形平面历史"卷展栏，将"细分宽度"和"高度细分数"的值均提高至500，如图10-18所示。这时，系统可能会弹出"多边形基本体参数检查"对话框，询问用户是否需要继续使用这么高的细分值，如图10-19所示，单击该对话框中的"是，不再询问"按钮即可。

图10-18

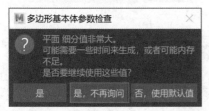

图10-19

13 设置完成后，在视图中观察海洋模型，可以看到模型的细节大幅提升了，如图10-20所示为提高了细分值前后的海洋模型对比结果。

图10-20

◎技巧与提示·◦

提高用于模拟海洋的多边形平面模型的"细分宽度"和"高度细分数"值可以有效提高Boss海洋波浪模拟的细节程度，这两个值越高，海洋波浪的细节显示越丰富。需要注意的是，过于高的细分值也会导致计算机模拟海洋波浪计算时间的增加，也可能出现Maya软件因计算量多大而导致程序直接弹出的情况。如图10-21~图10-23所示分别为多边形平面模型的"细分宽度"和"高度细分数"值分别同时设置为100、500和1500之后的海洋波浪细节模拟效果。

图10-21

图10-22

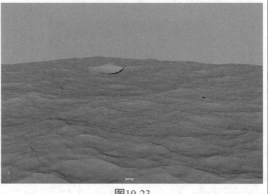

图10-23

10.2.3 制作游艇航行关键帧动画

01 在"大纲视图"面板中选择被隐藏的曲线对象，如图10-24所示。

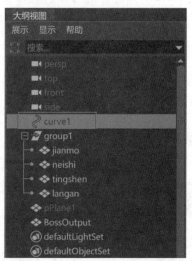

图10-24

02 使用组合键Shift+H，将其在场景中显示出来，如图10-25所示。

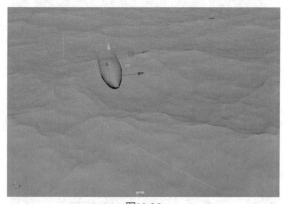

图10-25

03 将场景中的时间帧数设置为200帧，如图10-26所示。

图10-26

04 在"大纲视图"面板中先选择组对象，再加选刚刚绘制出来的曲线，如图10-27所示。

05 执行菜单栏中的"约束"|"运动路径"|"连接到运动路径"命令，如图10-28所示。

06 设置完成后，可以看到游艇模型现在已经约束

至场景中的曲线上，如图10-29所示。

图10-27

图10-28

图10-29

07 在"属性编辑器"面板中，展开"运动路径属性"卷展栏，勾选"反转前方向"选项，如图10-30所示，即可更改游艇的前进方向，如图10-31所示。

08 选择组对象，执行菜单栏中的"窗口"|"动画编辑器"|"曲线图编辑器"命令，打开"曲线图编辑器"面板，观察组对象的动画曲线如图10-32所示。

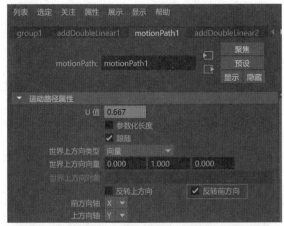

图10-30

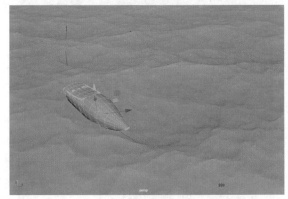

图10-31

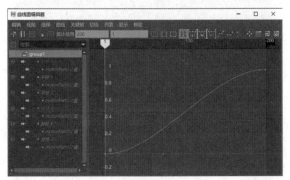

图10-32

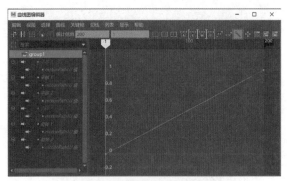

图10-33

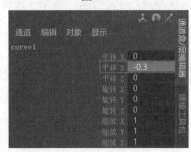

图10-34

图10-35

图10-36

09 选择"曲线图编辑器"面板中的两个曲线节点,单击"线性切线"按钮,得到如图10-33所示的动画曲线效果。

10 选择场景中的曲线,在"通道盒/层编辑器"面板中,设置"平移Y"的值为-0.3,如图10-34所示。这样,可以使得游艇模型位于水面下方的部分多一些,如图10-35所示。有助于将来计算动力学动画时,产生更加强烈的游艇尾迹效果。

11 单击"渲染"面板中的"创建摄影机"图标,如图10-36所示。在场景中创建一个摄影机。

12 在第1帧位置处,设置摄影机的"平移X"的值为-57,"平移Y"的值为40,"平移Z"的值为-21,"旋转X"的值为-43,"旋转Y"的值为-112,"旋转Z"的值为0,并对以上参数设置关键帧,如图10-37所示。

13 在第200帧位置处,设置摄影机的"平移X"的值为-69,"平移Y"的值为27,"平移Z"的值为-9,"旋转X"的值为-28,"旋转Y"的值为-96,"旋转Z"的值为0,并对以上参数设置关键帧,如图10-38所示。

14 在场景中观察游艇模型与海面波浪的比例关系,这时可以发现波浪略大了一些,如图10-39所示。

图10-37

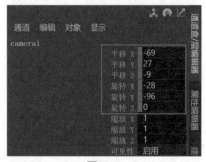

图10-38

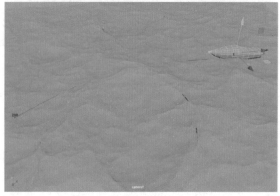

图10-39

15 在"风属性"卷展栏中,设置"风吹程距离
(km)"的值为20,如图10-40所示。这样可以使得
海面上的波浪小一些,如图10-41所示。

16 设置完成后,隐藏海洋后,播放场景动画,游
艇的航行动画如图10-42所示。

图10-40

图10-41

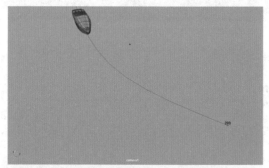

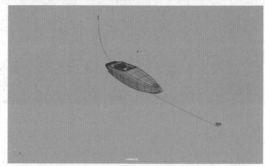

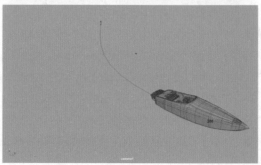

图10-42

10.2.4 设置游艇与海洋的碰撞计算

01 执行菜单栏中的Boss|"Boss编辑器"命令,打开Boss Ripple/Wave Generator面板,如图10-43所示。

图10-43

02 选择场景中的游艇简模模型,如图10-44所示。

图10-44

03 单击Add geo influence to selected solver按钮,设置游艇模型参与到海洋波浪的形态计算当中,如图10-45所示。

图10-45

04 选择场景中的海洋模型,在"属性编辑器"面板中,展开"反射波属性"卷展栏,调整"反射高度"的值为15,如图10-46所示。

05 播放场景动画,即可看到游艇在水面上航行所产生的尾迹动画效果,如图10-47所示。

◎技巧与提示·◦

"反射高度"值可以有效控制游艇在水面航行所产生的拖尾效果。如图10-48和图10-49所示分别为该值是5和20所产生的拖尾波浪计算效果。

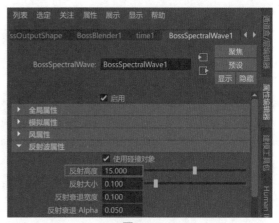

图10-46

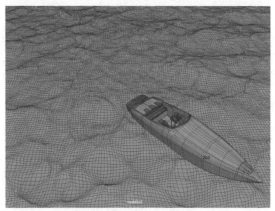

图10-47

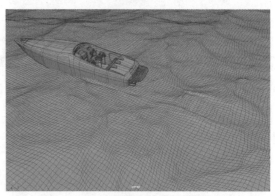

图10-48

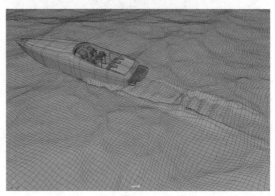

图10-49

06 在Boss Ripple/Wave Generator面板中，单击Cache All按钮，如图10-50所示。为海洋动画创建缓存文件。

图10-50

◎技巧与提示·◎

　　使用Boss海洋模拟系统来制作海洋波浪动画时，在制作动画完成后，务必记得将海洋动画的数据使用"缓存"功能保存在本地硬盘上，这样在播放动画时，海洋对象可以直接读取之前缓存后的数据文件，从而使Maya软件不必再重复进行这些动画计算。

07 等待计算机将缓存文件创建完成后，播放场景动画，本实例最终制作完成后的尾迹动画效果如图10-51所示。

图10-51

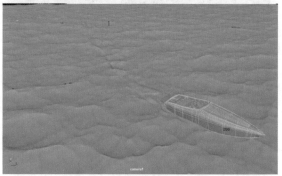

图10-51（续）

10.2.5　使用 Bifrost 流体模拟浪花效果

01 本节开始制作游艇航行时所产生的浪花效果。在第1帧位置处，不要选择场景中的任何对象，单击Bifrost工具架上的"液体"图标，如图10-52所示。在场景中创建一个液体对象。

图10-52

02 创建完成后，可以在"大纲视图"面板中看到场景中多了许多节点，如图10-53所示。

03 在场景中先选择游艇简模模型，如图10-54所示。

04 在"大纲视图"面板中，再加选液体对象，如图10-55所示。

05 单击Bifrost工具架上的"发射区域"图标，如图10-56所示。

06 在"大纲视图"面板中，先选择海洋对象，再加选液体对象，如图10-57所示。

07 单击Bifrost工具架上的"导向"图标，如图10-58所示。

08 在"大纲视图"面板中选择液体对象，在"属性编辑器"面板中，展开"显示"卷展栏，勾选"体素"选项，如图10-59所示，即可在视图中看到游艇模型与海洋模型的相交处有了蓝色的液体产生，如图10-60所示。

图10-56

图10-53

图10-57

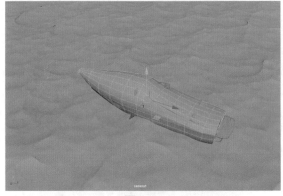

图10-54

图10-58

图10-59

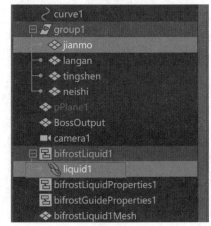

图10-55

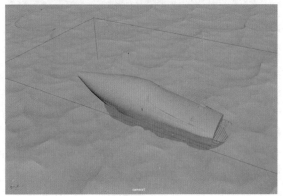

图10-60

09 在"大纲视图"面板中选择液体发射器节点，如图10-61所示。

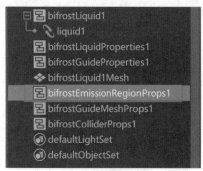

图10-61

10 在"属性编辑器"面板中，设置"厚度"的值为5，如图10-62所示。设置完成后，即可将场景中的简模模型隐藏起来，游艇周围的液体生成效果如图10-63所示。

图10-62

图10-63

11 接下来，在"大纲视图"面板中先选择游艇简模模型，再加选液体对象，如图10-64所示。

12 单击Bifrost工具架上的"碰撞对象"图标，如图10-65所示，为所选择的物体之间设置碰撞关系。

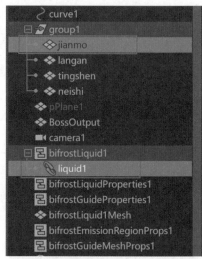

图10-64

图10-65

13 设置完成后，观察场景，液体效果如图10-66所示。

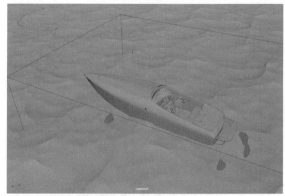

图10-66

14 播放场景动画，游艇的浪花模拟效果如图10-67所示。

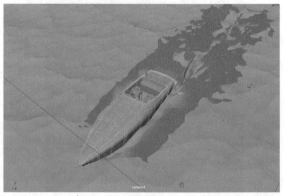

图10-67

15 在默认状态下，视图中模拟出来的浪花效果看起来缺乏细节。在"大纲视图"面板中选择液体对象，在"属性编辑器"面板中，设置"主体素大小"的值为0.1，如图10-68所示。

图10-68

16 再次播放场景动画，这次可以看到模拟出来的浪花的细节明显增多了，如图10-69所示。但是模拟所需要的时间也随之大幅增加了。

图10-69

◎技巧与提示·。

如果读者希望可以得到更加精细的浪花模拟效果，可以考虑尝试降低"主体素大小"的值，该值越小，模拟出来的液体效果细节越丰富。同样，计算所耗费的时间也越多。

17 本实例最终制作完成的浪花动画效果如图10-70所示。

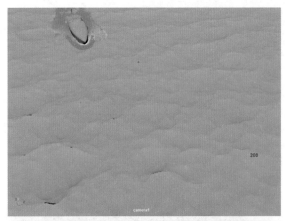

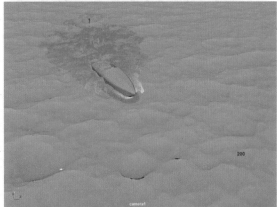

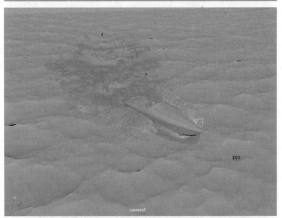

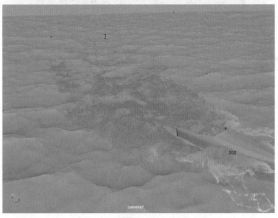

图10-70

10.2.6 使用 Bifrost 流体模拟泡沫效果

01 在"大纲视图"面板中，选择液体节点，如图10-71所示。

图10-71

02 单击Bifrost工具架上的"泡沫"图标，如图10-72所示，即可在该节点下方创建泡沫对象，如图10-73所示。

图10-72

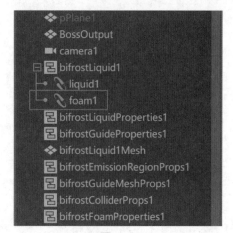

图10-73

03 播放场景动画，可以看到在浪花的位置处会有白色的点状泡沫对象产生，如图10-74所示。

04 默认状态下，由于液体产生的泡沫数量较少，可以在"属性编辑器"面板中，设置"自发光速率"的值为10000，来提高泡沫的产生数量，如图10-75所示。

05 设置完成后，执行菜单栏中的"Bifrost液体"|"计算并缓存到磁盘"命令，生成浪花和泡沫缓存文件，如图10-76所示。

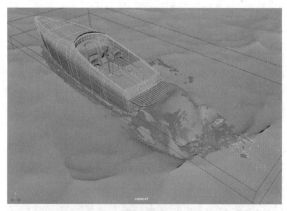

图10-74

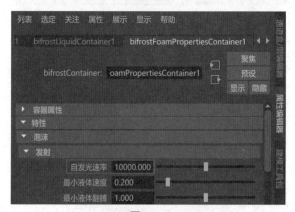

图10-75

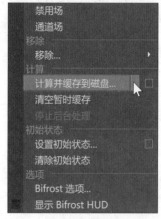

图10-76

06 添加了泡沫特效前后的视图显示结果对比如图10-77所示。

07 将"时间滑块"设置到第140帧位置处，观察场景，可以清晰地看到游艇在水面上转弯时所溅起的浪花和泡沫效果，如图10-78所示。

图10-77

图10-78

08 本实例最终制作完成的泡沫动画效果如图10-79所示。

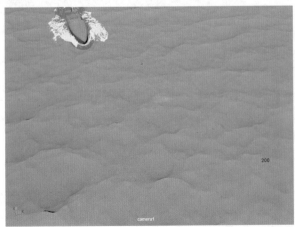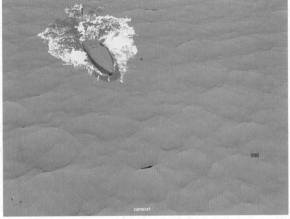

图10-79

图10-79（续）

10.2.7 使用标准曲面材质制作海洋材质

01 选择海洋模型，如图10-80所示。

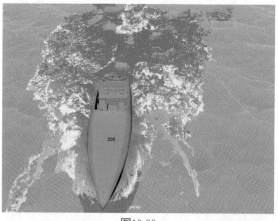

图10-80

02 单击"渲染"工具架上的"标准曲面材质"图标，为其指定"渲染"工具架中的"标准曲面材质"，如图10-81所示。

03 在"属性编辑器"面板中，设置"基础"卷展栏内的"颜色"为深蓝色，如图10-82所示。其中，

"颜色"的参数设置如图10-83所示。

图10-81

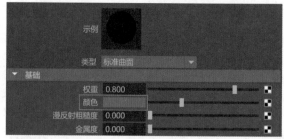

图10-82

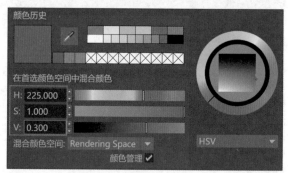

图10-83

04 展开"镜面反射"卷展栏，设置"权重"的值为1，"粗糙度"的值为0.1，如图10-84所示。

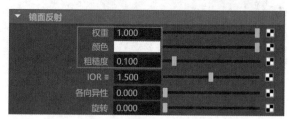

图10-84

05 展开"透射"卷展栏，设置"权重"的值为0.7，"颜色"为深绿色，如图10-85所示。"颜色"的参数设置如图10-86所示。

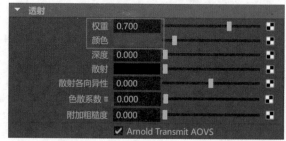

图10-85

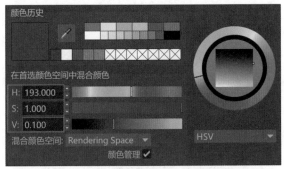

图10-86

06 制作完成的海洋材质球显示效果如图10-87
所示。

图10-87

10.2.8 渲染设置

01 材质设置完成后，接下来，为场景创建灯光。
单击Arnold工具架上的Create Physical Sky（创建
物理天空）图标，在场景中创建物理天空灯光，如
图10-88所示。

图10-88

02 在Physical Sky Attributes（物理天空属性）卷
展栏中，设置Elevation（海拔）的值为25，Azimuth
（方位角）的值为200，Intensity（强度）的值为6，
如图10-89所示。

03 设置完成后，选择几个自己喜欢的角度来渲染
场景，添加了材质和灯光的海洋波浪最终渲染结果如
图10-90~图10-93所示。

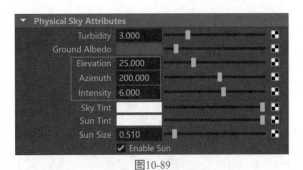

图10-89

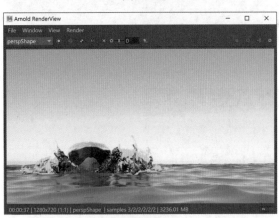

图10-90

图10-91

图10-92

163

图10-93

10.3 技术专题

10.3.1 丰富海洋的纹理细节

当场景动画和液体特效模拟完成后，仍然可以通过提高最初所创建的那个平面模型的"细分宽度"和"高度细分数"这2个参数值来增加海洋的纹理细节。具体操作步骤如下。

01 在"大纲视图"面板中，选择被隐藏起来的平面模型，如图10-94所示。

图10-94

02 在"通道盒/层编辑器"面板中，设置"细分

宽度"和"高度细分数"的值均为2000，如图10-95所示。

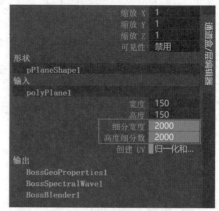

图10-95

03 设置完成后，海洋对象的视图显示结果如图10-96所示。

图10-96

04 在第170帧位置处渲染场景，渲染结果如图10-97所示。

图10-97

05 如图10-98所示为调整了"细分宽度"和"高度细分数"前后的渲染结果对比。通过对比可以发现，提高了"细分宽度"和"高度细分数"这2个参数值后，海洋的纹理细节明显增多了。

图10-98

10.3.2 浪花飞溅参数测试

在本实例中，用于控制游艇与海面碰撞所产生的浪花大小主要由液体的"厚度"值所控制，可以尝试更改"厚度"值来测试该值对浪花及泡沫所产生的影响。具体操作步骤如下。

01 在"大纲视图"面板中选择液体发射器对象，如图10-99所示。

图10-99

02 在"属性编辑器"面板中展开"转化"卷展

栏，设置"厚度"的值为1，如图10-100所示。

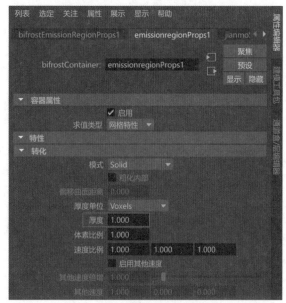

图10-100

03 设置完成后，开始重新对Bifrost液体对象进行模拟，得到的浪花及泡沫模拟结果如图10-101所示。

图10-101

04 接下来，将"厚度"的值更改为2，再次开始重新对Bifrost液体对象进行模拟，得到的浪花及泡沫模拟结果如图10-102所示。

图10-102

05 最后，将"厚度"的值更改回为5，再次开始重新对Bifrost液体对象进行模拟，得到的浪花及泡沫模拟结果如图10-103所示。

图10-103

06 通过对比可以发现，不同的"厚度"值对于模拟出来的浪花及泡沫结果影响较大，所以读者在以后的类型项目中可以尝试更改该值，对液体多次模拟来选择较为合适的模拟结果。

10.4 本章小结

本章主要讲解了游艇在海面航行所产的尾迹、浪花及泡沫特效的制作方法，力求让读者熟练掌握类似案例的制作流程及注意事项。通过该实例还可以看出在进行Bifrost液体模拟时，常常需要特效动画师耗费大量时间对液体进行反复模拟计算才能得到较为合适的模拟结果。

第 11 章

小旗飘动动画技术

11.1　效果展示

本章将通过制作一个小旗飘动的动画效果来为大家讲解Maya软件中布料系统的使用方法，最终渲染完成结果如图11-1所示。

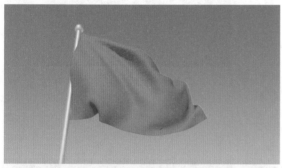

图11-1

图11-1（续）

11.2　制作流程

11.2.1　使用多边形平面制作小旗模型

01 启动中文版Maya 2022软件，打开本书配套资源场景文件"旗杆.mb"，如图11-2所示。里面有一个旗杆模型。

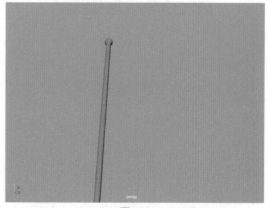

图11-2

02 单击"多边形建模"工具架上的"多边形平面"图标，如图11-3所示。在场景中创建一个平面模型，如图11-4所示。

图11-3

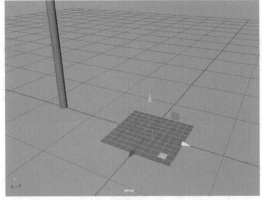

图11-4

03 在"通道盒/层编辑器"面板中，设置平面模型的"平移X"的值为-0.1，"平移Y"的值为6.9，"旋转X"的值为90，"宽度"的值为2.88，"高度"的值为1.92，"细分宽度"的值为50，"高度细分数"的值为30，如图11-5所示。

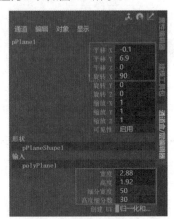

图11-5

04 设置完成后，平面模型的视图显示效果如图11-6所示。

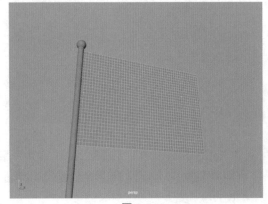

图11-6

11.2.2　制作小旗飘动效果

01 选择平面制作的小旗模型，单击FX工具架上的"从选定网格创建nCloth"图标，如图11-7所示。

图11-7

02 观察"大纲视图"面板，可以看到场景中多了一个布料对象和一个动力学对象，如图11-8所示。

图11-8

03 播放场景动画，在默认状态下，小旗模型会受到重力影响产生向下方掉落的动画效果，如图11-9和图11-10所示。

图11-9

04 选择小旗模型，在第1帧位置处，右击并执行"顶点"命令，如图11-11所示。

05 选择如图11-12所示的顶点，执行菜单栏中的nConstraint|"变换约束"命令，如图11-13所示。

06 设置完成后，观察"大纲视图"面板，可以看到其中多了一个动力学约束对象，如图11-14所示。

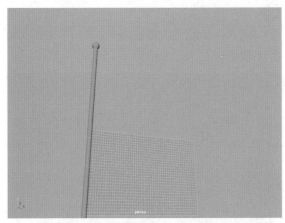

图11-10

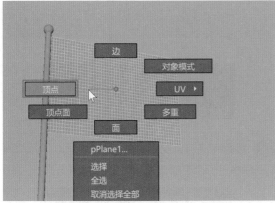

图11-11

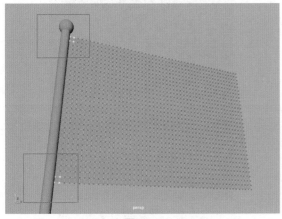

图11-12

图11-13

图11-14

07 观察场景，动力学约束对象的视图显示效果如图11-15所示。

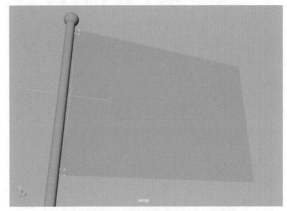

图11-15

08 设置完成后，播放场景动画，可以看到小旗的动画效果如图11-16所示。

09 从动画的效果上来看，小旗在下落的过程中，之前被选中的顶点会固定到场景空间中，但是产生的形变比较夸张，并且还会与场景中的旗杆模型产生穿插效果，很不自然。

图11-16

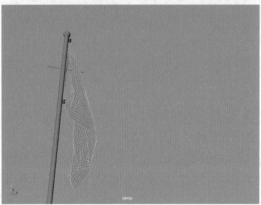

图11-16（续）

10 在"动力学特性"卷展栏中，设置"拉伸阻力"的值为200，如图11-17所示。

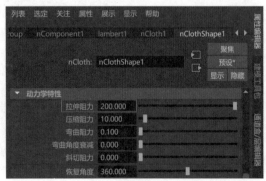

图11-17

11 选中场景中的旗杆模型，如图11-18所示，单击FX工具架上的"创建被动碰撞对象"图标，如图11-19所示。

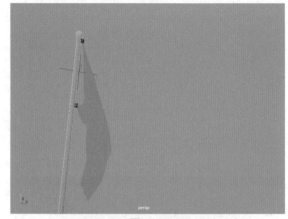

图11-18

图11-19

12 设置完成后，观察"大纲视图"面板，可以看到其中多了一个碰撞对象，如图11-20所示。

图11-20

13 播放场景动画，小旗的动画效果如图11-21所示。仔细观察小旗的动画效果，这一次可以看出小旗在下落的过程中既不会产生较大的形变，也不会产生与旗杆模型的穿插效果。

14 选择小旗模型，在"重力和风"卷展栏中，设置"风速"的值为15，"风噪波"的值为3，如图11-22所示。

15 设置完成后，播放场景动画，小旗的动画效果如图11-23所示。

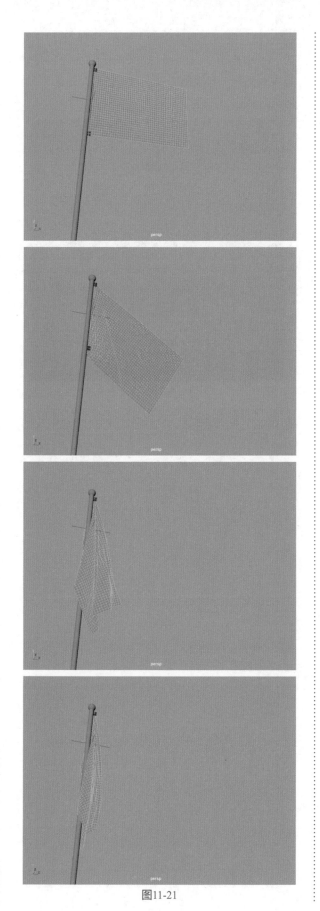

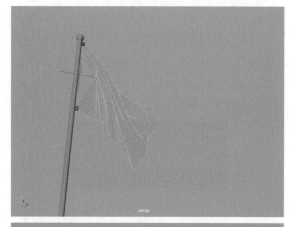

图11-22

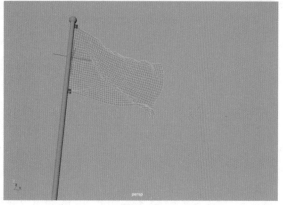

图11-23

图11-21

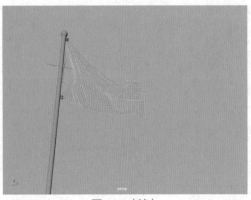

图11-23（续）

　　本实例模拟的布料动画相对较为简单，单击Maya界面上的"缓存播放切换"按钮，如图11-24所示，这样可以以直接拖动时间滑块的方式来观看动画效果。

图11-24

11.3　技术专题

11.3.1　如何模拟较厚的布料动画效果

　　在模拟不同种类的布料特效时，如较薄的手帕以及较厚的地垫时，常常需要对布料的厚度进行调整，具体操作步骤如下。

01 以本实例中的模型为例，选择场景中的小旗模型，如图11-25所示。

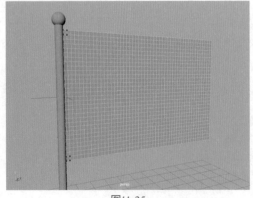

图11-25

02 在"碰撞"卷展栏中，设置"解算器显示"为"碰撞厚度"，如图11-26所示。还可以在场景中观察到布料模拟的厚度显示效果，如图11-27所示。

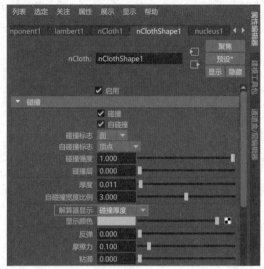

图11-26

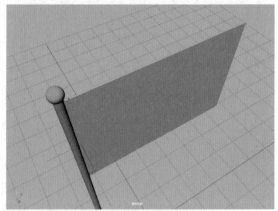

图11-27

03 播放场景动画，小旗的动画效果如图11-28和图11-29所示。

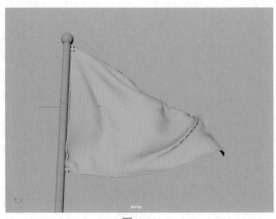

图11-28

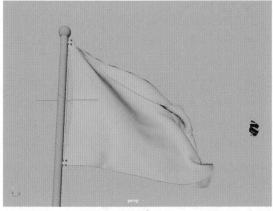

图11-29

04 在"碰撞"卷展栏中,设置"厚度"的值为0.05,如图11-30所示。场景中小旗的厚度显示如图11-31所示。

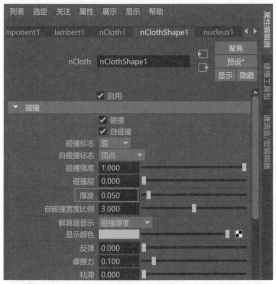

图11-30

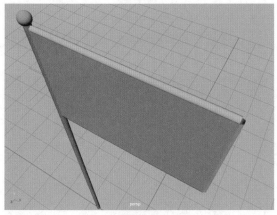

图11-31

05 播放场景动画,小旗的动画效果看起来像一块皮革一样减少了很多的褶皱细节,如图11-32和图11-33所示。

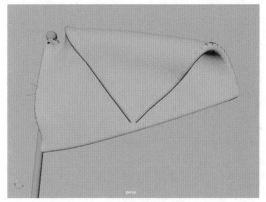

图11-32

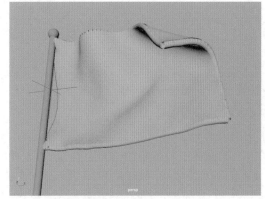

图11-33

06 在"碰撞"卷展栏中,设置"解算器显示"为"自碰撞厚度",如图11-34所示。小旗的显示效果如图11-35所示。

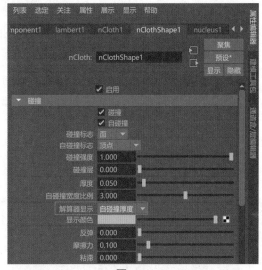

图11-34

07 将"碰撞"卷展栏中的"厚度"设置为默认的0.011后,再次观察场景,布料的显示效果如图11-36所示,即通过调整"厚度"值就可以模拟出较厚的布料动画效果。

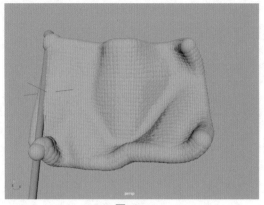

图11-35

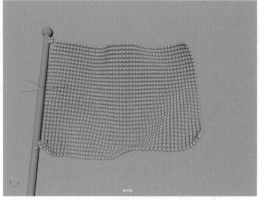

图11-36

11.3.2 "动力学特性"卷展栏参数解析

"动力学特性"卷展栏内的参数主要用来控制布料的动力学模拟效果,如图11-37所示。

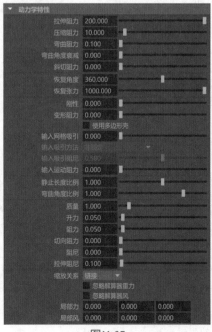

图11-37

参数解析

- 拉伸阻力:指定当前布料对象在受到张力时抵制拉伸的量。
- 压缩阻力:指定当前布料对象抵制压缩的量。
- 弯曲阻力:指定在处于应力下时布料对象在边上抵制弯曲的量。高弯曲阻力使布料对象变得僵硬,这样就不会弯曲,也不会从曲面的边悬垂下去,而低弯曲阻力使布料对象的行为就像是悬挂在下方的桌子边缘上的一块桌布。
- 弯曲角度衰减:指定"弯曲阻力"如何随当前布料对象的弯曲角度而变化。
- 斜切阻力:指定当前布料对象抵制斜切的量。
- 恢复角度:没有力作用在布料对象上时,指定在当前布料对象无法再返回到其静止角度之前,可以在边上弯曲的程度。
- 恢复张力:在没有力作用在布料对象上时,指定当前布料对象中的链接无法再返回到其静止角度之前,可以拉伸的程度。
- 刚性:指定当前布料对象希望充当刚体的程度。值为1会使布料对象充当一个刚体,而值在0到1之间会使布料对象成为介于布料和刚体之间的一种混合。如图11-38所示为"刚性"值分别是0和0.1的布料模拟动画结果对比。
- 变形阻力:指定当前布料对象希望保持其当前形状的程度。如图11-39所示为该值分别是0和0.2时的布料动画计算结果对比。
- 使用多边形壳:如果启用该选项,则会将"刚性"和"变形阻力"应用到布料对象的各个多边形壳。

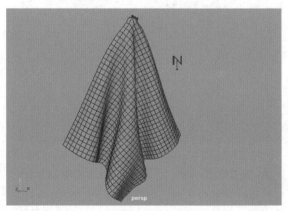

图11-38

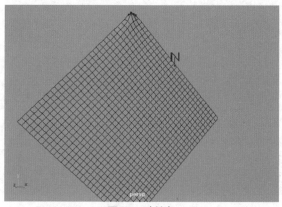

图11-38（续）

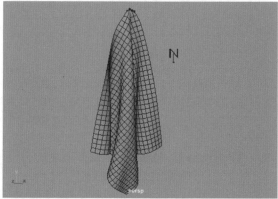

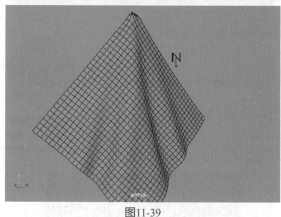

图11-39

● 输入网格吸引：指定将当前布料对象吸引到

其输入网格的形状的程度。较大的值可确保在模拟过程中 nCloth 变形和碰撞时，布料对象会尽可能接近地返回到其输入网格形状。反之，较小的值表示布料对象不会返回到其输入网格形状。

● 输入吸引阻尼：指定"输入网格吸引"的效果的弹性。较大的值会导致布料对象弹性降低，因为阻尼会消耗能量。较小的值会导致布料对象弹性更大，因为阻尼影响不大。

● 输入运动阻力：指定应用于布料对象的运动力的强度，该对象被吸引到其动画输入网格的运动。

● 静止长度比例：确定如何基于在开始帧处确定的长度动态缩放静止长度。

● 弯曲角度比例：确定如何基于在开始帧处确定的弯曲角度动态缩放弯曲角度。

● 质量：指定布料对象的基础质量。

● 升力：指定应用于布料对象的升力的量。

● 阻力：指定应用于布料对象的阻力的量。

● 切向阻力：偏移阻力相对于布料对象的曲面切线的效果。

● 阻尼：指定减慢布料对象的运动的量。通过消耗能量，阻尼会逐渐减弱 nCloth 的移动和振动。

11.4　本章小结

本章开始为读者讲解Maya布料系统的使用方法，可以使用布料系统快速模拟出小旗飘动、窗帘打开、掀开桌布等与布料有关的布料动力学效果，学习完本实例后，读者应熟练掌握本章内容。

第 12 章

布料撕裂动画技术

12.1 效果展示

本章将通过制作一粒沙子掉落在布料上的动画来为大家讲解粒子系统与布料系统的综合运用，本实例最终渲染完成结果如图12-1所示。

图12-1

图12-1（续）

12.2 制作流程

12.2.1 使用多边形平面模拟布料动画

01 启动中文版Maya 2022软件，单击"多边形建模"工具架上的"多边形平面"图标，如图12-2所示。在场景中创建一个平面模型。

图12-2

02 在"通道盒/层编辑器"面板中，设置"平移Y"的值为1.5，"宽度"和"高度"的值均为2，"细分宽度"和"高度细分数"的值均为50，如图12-3所示。

03 设置完成后，平面模型的视图显示效果如图12-4所示。

04 选择平面模型，单击FX工具架上的"从选定网格创建nCloth"图标，如图12-5所示，将平面模型设置为布料。

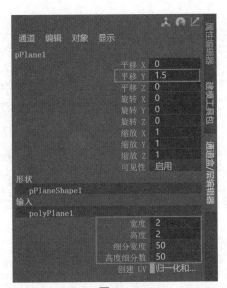

图12-3

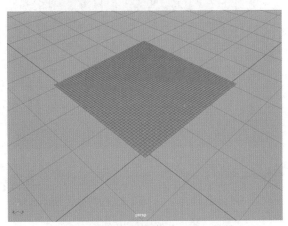

图12-4

图12-5

05 选择布料模型，在第1帧位置处，右击并执行"顶点"命令，如图12-6所示。

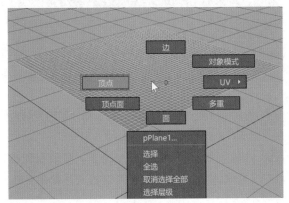

图12-6

06 选择如图12-7所示的顶点，执行菜单栏中的nConstraint|"变换约束"命令，如图12-8所示。

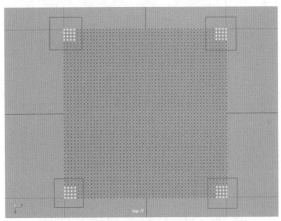

图12-7

图12-8

07 观察场景，创建出来的动力学约束显示效果如图12-9所示。

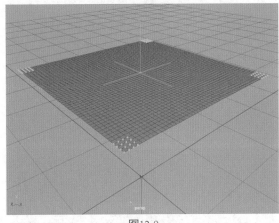

图12-9

08 播放场景动画，布料的动画计算结果如图12-10所示。

09 在"动力学特性"卷展栏中，设置"拉伸阻力"的值为200，如图12-11所示。

10 播放场景动画，这次布料在下落的过程中将不会产生过于夸张的形变，如图12-12所示。

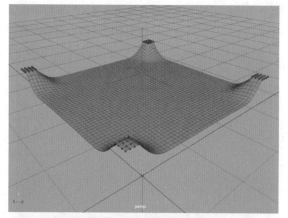

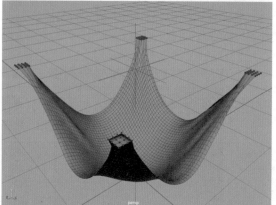

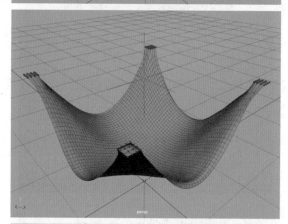

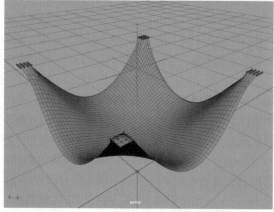

图12-10

图12-11

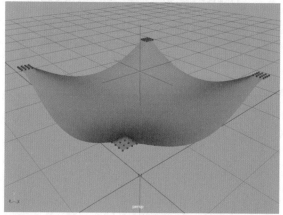

图12-12

11 选择布料模型，在第1帧位置处，选择如图12-13所示的顶点。执行菜单栏中的nConstraint|"可撕裂曲面"命令，如图12-14所示。

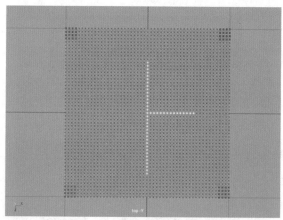

图12-13

12 设置完成后，创建出来的第2个动力学约束对象视图显示效果如图12-15所示。

13 播放场景动画，在默认状态下，可以看到布料在下沉的过程中没有产生撕裂的动画效果，如图12-16所示。

图12-14

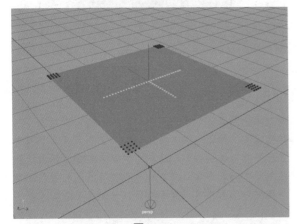

图12-15

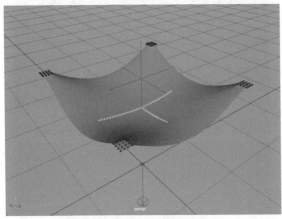

图12-16

12.2.2　使用粒子系统制作沙子

01 单击"多边形建模"工具架上的"多边形球体"图标，如图12-17所示。在场景中创建一个球体模型。

图12-17

02 在"通道盒/层编辑器"面板中，设置球体的"平移Y"的值为3，"半径"的值为0.3，如图12-18所示。

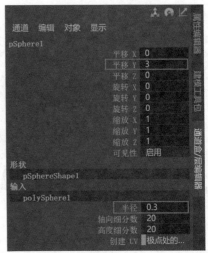

图12-18

03 设置完成后，球体模型的视图显示结果如图12-19所示。

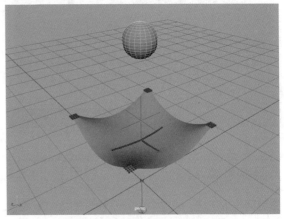

图12-19

04 选择流体模型，单击菜单栏中的nParticle|"填充对象"命令后面的方形按钮，如图12-20所示。

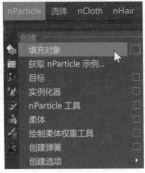

图12-20

05 在系统自动弹出的"粒子填充选项"面板中，设置"分辨率"的值为15，如图12-21所示。

06 选择粒子对象，在"着色"卷展栏中，设置"粒子渲染类型"为"球体"，如图12-22所示。

图12-21

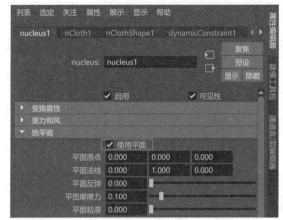

图12-24

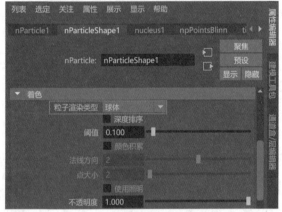

图12-22

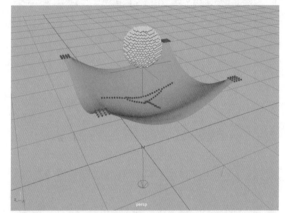

07 设置完成后，隐藏场景中的球体模型，粒子的视图显示效果如图12-23所示。

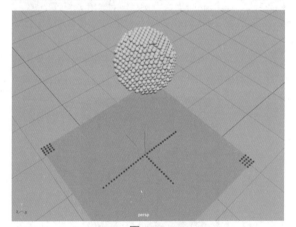

图12-23

08 选择动力学对象，在"地平面"卷展栏中，勾选"使用平面"选项，如图12-24所示。

09 设置完成后，播放场景动画，可以看到粒子所模拟出来的沙子掉落在布料上后，会撕裂布料，再掉落在地面上，如图12-25所示。

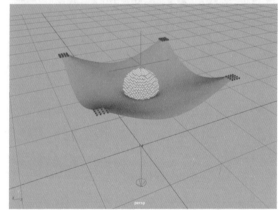

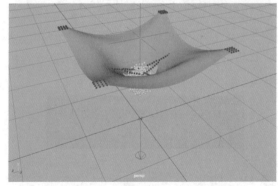

图12-25

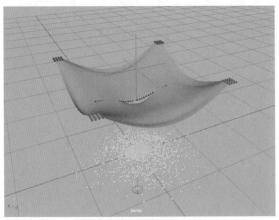

图12-25（续）

12.2.3 调整布料撕裂的时间

01 选择粒子对象，在"碰撞"卷展栏中，勾选"自碰撞"选项，设置"反弹"的值为0.5，"摩擦力"的值为1，"粘滞"的值为1，如图12-26所示。

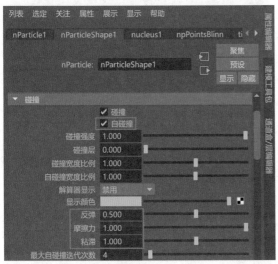

图12-26

02 在"粒子大小"卷展栏中，设置"半径"的值为0.008，如图12-27所示。

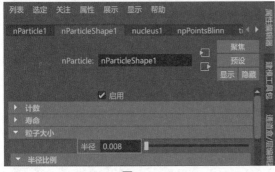

图12-27

03 设置完成后，播放场景动画，仔细观察动画效果，可以看到现在粒子所模拟出来的沙子不但有一些会粘到布料上，落在地面上的沙子也不会散开的太远，如图12-28所示。

04 从现在的动画结果上看，粒子所模拟的沙子在下落过程中一碰到布料，就会对布料产生撕裂效果。那么这个撕裂效果应如何调整呢？我们可以考虑降低粒子的质量。选择粒子对象，在"动力学特性"卷展栏中，设置"质量"的值为0.05，如图12-29所示。

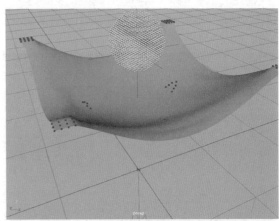

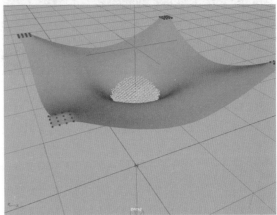

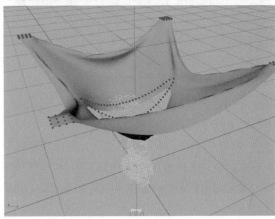

图12-28

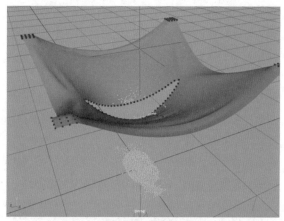

图12-28（续）

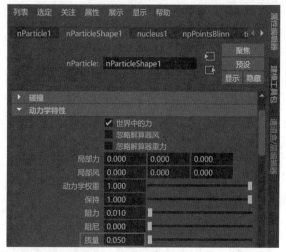

图12-29

05 设置完成后，播放场景动画，这次可以看到粒子所模拟的沙子将全部会被布料接住，如图12-30所示。

06 接下来，可以通过设置关键帧的方式来自由控制布料在什么时候开始产生撕裂效果。在"大纲视图"面板中选择第2个动力学约束对象，如图12-31所示。

07 展开"连接密度范围"卷展栏，在第55帧位置处，为"粘合强度"设置关键帧，设置完成后，该参数的背景色会呈红色显示状态，如图12-32所示。

08 在第56帧位置处，设置"粘合强度"的值为0，并设置关键帧，如图12-33所示。

09 设置完成后，播放场景动画，可以看到粒子所模拟的沙子会被布料接住一段时间，然后在第56帧位置处对布料产生撕裂效果，下落到地面上，如图12-34所示。

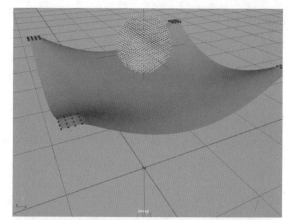

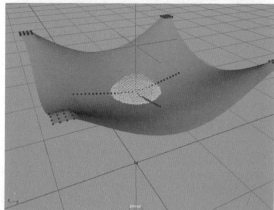

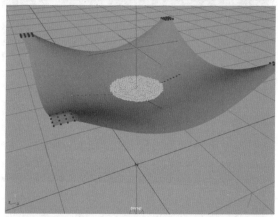

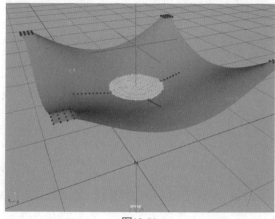

图12-30

图12-31

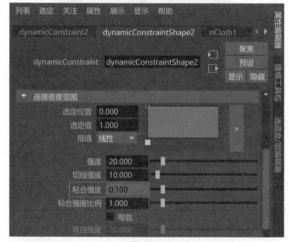

图12-32

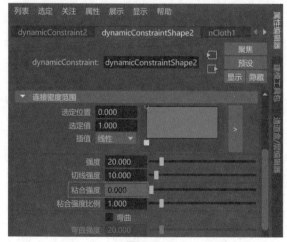

图12-33

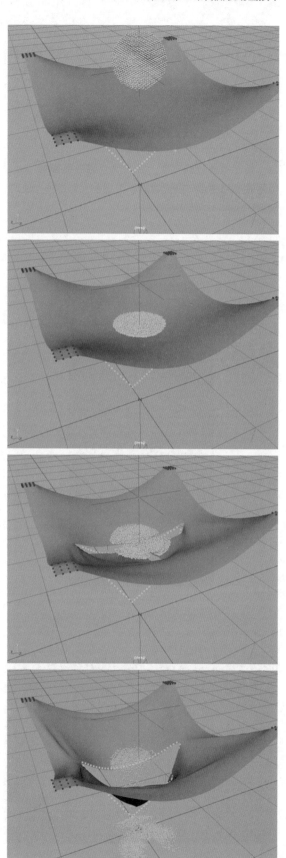

图12-34

┌─────────────────────────────────┐
◎技巧与提示·◦

　　这个实例学完之后，读者可以举一反三，考虑一下模拟雪块掉落在布料上的动画效果。如何制作块状粒子效果，读者可以参考本书的第4章内容。
└─────────────────────────────────┘

12.3　技术专题

12.3.1　如何获取更多布料动画实例

　　Maya软件为用户提供了多种与布料有关的动画实例，读者可以参考这些实例来学习布料动画的其他应用，执行菜单栏中的nCloth|"获取nCloth示例"命令，如图12-35所示。

图12-35

　　在系统自动弹出的"内容浏览器"面板中，可以看到这些与布料系统有关的实例，如图12-36所示。

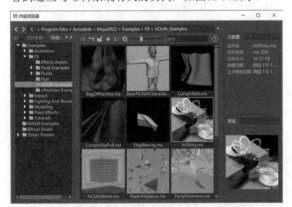

图12-36

12.3.2　为布料创建缓存文件

　　本实例中，由于布料系统和粒子系统共用同一个动力学，所以在创建缓存文件时，可以在"大纲视图"面板中将布料与粒子同时选中，如图12-37所示。

图12-37

　　单击"FX缓存"工具架上的"创建缓存"图标，如图12-38所示，即可对这2对象同时创建缓存文件。

图12-38

12.4　本章小结

　　本章为读者讲解了粒子系统和布料系统的综合运用方法，通过本章内容，也可以看出在默认状态下，粒子系统与布料系统的动力学设置是共用的，并且在一些卷展栏中的参数设置也非常相似。布料系统不但可以与粒子系统搭配使用，还可以与流体系统搭配使用，如制作一块抖动的布料被火焰燃烧的动画效果，读者在学习完本书的所有案例后，多多观察生活中的相关细节，也可以自行尝试制作一些其他的特效动画。